Die „Ergebnisse der Mathematik" erscheinen in einzelnen Heften von 5 bis 7 Bogen Umfang. Je 5 Hefte bilden in der Reihenfolge ihres Erscheinens einen Band.

Die auf der Innenseite der Seitenüberschriften angebrachten *kursiven* Zahlen *[5]* sind die Seitenzahlen des Bandes.

Jedes Heft der „Ergebnisse" ist einzeln käuflich. Bei Verpflichtung zum Bezug eines vollständigen Bandes tritt eine 10%ige Preisermäßigung ein. Die Bezieher des „Zentralblatt für Mathematik" erhalten, sofern sie sich zum Bezug eines ganzen Bandes verpflichten, auf den ermäßigten Bandpreis einen weiteren Nachlaß von 20%.

Verlagsbuchhandlung Julius Springer.

ERGEBNISSE DER MATHEMATIK
UND IHRER GRENZGEBIETE
HERAUSGEGEBEN VON DER SCHRIFTLEITUNG
DES
„ZENTRALBLATT FÜR MATHEMATIK“
ERSTER BAND
2

GRAPHISCHE KINEMATIK UND KINETOSTATIK

VON

KARL FEDERHOFER
GRAZ

MIT 27 FIGUREN

BERLIN
VERLAG VON JULIUS SPRINGER
1932

ISBN-13: 978-3-642-93768-2 e-ISBN-13: 978-3-642-94168-9
DOI: 10.1007/978-3-642-94168-9

Vorwort und Einleitung.

In den drei Jahrzehnten, die seit dem Abschlusse des in der Enzyklopädie der mathematischen Wissenschaften erschienenen Berichtes über Kinematik[1] von A. SCHOENFLIES und M. GRÜBLER verflossen sind, hat sich eine Fülle neuer Ergebnisse auf diesem Forschungsgebiete angesammelt, die in zahlreichen mathematischen und technischen Zeitschriften des In- und Auslandes niedergelegt sind. Eine Ordnung und übersichtliche Darstellung der wichtigsten Ergebnisse der seit 1903 entstandenen kinematischen Arbeiten, die bisher fehlte, dürfte um so erwünschter sein, als einerseits die vorhandenen Lehrbücher über Kinematik nur einen Teil der neueren Literatur mit wenig Quellennachweisen enthalten, andererseits die hierhergehörigen Beiträge in den neuen Handbüchern der Mechanik das ausländische Schrifttum nur unvollkommen berücksichtigen.

Der vorliegende Bericht strebt vor allem die Darstellung der Ergebnisse jener im bezeichneten Zeitraume erschienenen Arbeiten an, die der *graphischen Kinematik und Kinostatik* starrer und gegliederter Systeme gewidmet sind.

Nach der Bewegung des Punktes, des freien und geführten ebenen Systems mit Einschluß seiner zweiparametrigen Bewegungen wird jene des freien und geführten räumlichen Systems mit Bedachtnahme auf die neuen Abbildungsmethoden der räumlichen Kinematik behandelt. Weitere Abschnitte befassen sich mit der Kinematik der ebenen und räumlichen gegliederten Systeme, mit den Bedingungen des Zwanglaufes kinematischer Ketten und mit der Verzahnungstheorie.

Ferner wird über die der kinematischen Synthese angehörenden Arbeiten und über die hier erzielten Fortschritte berichtet, die im letzten Jahrzehnt für die Synthese der Maschinengetriebe bedeutungsvoll geworden sind.

Der zweite Teil des Berichtes enthält eine knappe Darstellung der graphischen Kinetostatik ebener und räumlicher Systeme, die von den Methoden der graphischen Kinematik weitgehenden Gebrauch macht.

Die kinematische Geometrie, deren Ziel in der kinematischen Ableitung von Sätzen und Konstruktionen zur Theorie der Kurven und Flächen gelegen ist, wurde nur in dem für die Behandlung der Ge-

[1] Leipzig: B. G. Teubner, Bd. IV, 1, S. 190—278.

schwindigkeits- und Beschleunigungszustände notwendigen Ausmaße berücksichtigt.

Der für diesen Bericht zugelassene knappe Umfang erforderte den Verzicht auf die Anführung von Beweisen und die Beschränkung der Abbildungen auf ein sehr geringes Maß. Bei der Zeichnung der letzteren und beim Lesen der Korrekturen haben mich die Ingenieure HANS EGGER und HANS JAKLITSCH in dankenswerter Weise unterstützt.

Graz, im August 1932.

K. FEDERHOFER.

Inhaltsverzeichnis.

A. Graphische Kinematik.

B. Graphische Kinetostatik.

A. Graphische Kinematik.

I. Die Bewegung eines Punktes.

1. Kinematische Diagramme. Hodographen. Die *geradlinige* Punktbewegung wird veranschaulicht durch ihre *orthogonalen* kinematischen Diagramme, in denen die Zusammenhänge: Weg—Zeit, Geschwindigkeit—Zeit, Beschleunigung—Zeit, Geschwindigkeit—Weg, Beschleunigung—Weg, Beschleunigung—Geschwindigkeit zeichnerisch dargestellt werden. Die drei erstgenannten Diagramme stehen untereinander in den gleichen Beziehungen wie die Integralkurve zur Differentialkurve; das Zeit-Weg-Diagramm wird aus jedem der drei letztgenannten Diagramme als Integralkurve eines leicht zu konstruierenden Hilfsdiagrammes gefunden[1]. E. GÜNTHER[2] empfiehlt die Verwendung eines *polaren* Weg-Zeit- bzw. Geschwindigkeit-Zeit-Diagrammes (Radiusvektor gleich dem Wege bzw. der Geschwindigkeit, Argument φ proportional der Zeit), aus denen die Geschwindigkeit und die Beschleunigung als Polarsubnormale dieser Diagramme zu entnehmen ist.

Bei der *krummlinigen* Bewegung eines Punktes erfüllen die Spitzen aller in einem festen Punkt angesetzten Geschwindigkeitsvektoren den *polaren Hodographen* (A. F. MÖBIUS, W. R. HAMILTON); die Geschwindigkeit, mit der die Vektorspitze den Hodographen beschreibt, ist gleich der Beschleunigung der ursprünglichen Bewegung. Letztere läßt sich nach R. MEHMKE[3] einfach konstruieren, wenn man sich noch des *lokalen*

[1] Die Graphische Dynamik von F. WITTENBAUER (Berlin: Julius Springer 1923) gibt in den Abschnitten XXXI und XXXIII genauen Aufschluß über die Konstruktion dieser Diagramme, über die Zusammenhänge der Maßstäbe, über zahlreiche technische Anwendungen und über die zum Zeichnen der Diagramme ersonnenen Apparate. Die dort enthaltenen Literaturangaben sind im Abschnitte (c) des Literaturverzeichnisses dieses Berichtes vervollständigt.

[2] Ber. Sächs. Akad. Wiss. Leipzig (math.-phys. Kl.) Bd. 23 (1921) S. 226—231. Diese Darstellungsweise, bei der die Geschwindigkeiten und Beschleunigungen unmittelbar als im Pole angesetzte Strecken erscheinen, ist dann sehr vorteilhaft, wenn das Weg-Zeit-Diagramm eines geradlinigen Bewegungsvorganges mittels eines am bewegten Körper befestigten Schreibstiftes oder auf photographischem Wege auf einer sich gleichförmig drehenden Scheibe derart aufgenommen wird, daß das Diagramm relativ zur ruhenden Scheibe einen Scheibendurchmesser ergäbe.

[3] Jber. Deutsch. Math.-Vereinig. Bd. 12 (1903) S. 561. Die hier beschriebene allgemein gültige Konstruktion kann auch zur Zeichnung der Bahn des bewegten Punktes benutzt werden und als Grundlage für eine Reihe die Bahn zeichnender Mechanismen dienen. [Ebenda Bd. 16 (1907) S. 377—382.] Eine brauchbare Gestaltung solcher Mechanismen scheint bisher nicht bekanntgeworden zu sein.

Hodographen bedient, auf dem die Spitzen der in den jeweiligen Lagen des bewegten Punktes angesetzten zugehörigen Geschwindigkeitsvektoren liegen. Erfolgt die Darstellung der Geschwindigkeitsvektoren bei der räumlichen Punktbewegung nach dem in (17) beschriebenen Abbildungsverfahren von B. MAYOR, so entfällt die Zeichnung der beiden Hodographen im Aufrisse, dafür tritt aber ein neues Diagramm in der Bildebene hinzu, das sich als Einhüllende der Bilder aller Geschwindigkeiten des bewegten Punktes ergibt und nach K. FEDERHOFER[1] *Bildhodograph* genannt wird. Dieser ist der geometrische Ort der Bildpunkte der aufeinanderfolgenden Schmiegungsebenen der Bahn des Punktes.

Ist die gegebene Bahn des Punktes eine *ebene* Kurve, dann läßt sich die Beschleunigung auch einfach konstruieren aus dem *lokalen Hodographen mit gedrehten Geschwindigkeiten*, der die Spitzen aller im gleichen Sinne um 90° gedrehten und in den zugehörigen Bahnpunkten angesetzten Vektoren der Geschwindigkeiten enthält. Dieser Plan der gedrehten Geschwindigkeiten, der V-Plan[2], gestattet nach M. GRÜBLER[3] die bequeme Konstruktion der Tangentialbeschleunigung. Mit letzterer ist aber auch die ganze Beschleunigung bestimmt, da nach R. MEHMKE[4] die Spitze des im Bahnpunkte angesetzten Beschleunigungsvektors auf der zugehörigen Normalen des V-Planes liegen muß. Der Drehung der Geschwindigkeitsvektoren um $\pm 90°$ entsprechend, lassen sich zwei V-Pläne zeichnen, und es liefert — gemäß der angeführten Eigenschaft der V-Plan-Normalen — der Schnittpunkt entsprechender Normalen den Endpunkt der im bewegten Punkt angesetzten Beschleunigung[5]. Eine von E. A. BRAUER[6] angegebene angenäherte Konstruktion für die Beschleunigung eines Punktes bei gegebener *eben* gekrümmter Bahn macht von den Eigenschaften der Hodographen keinen Gebrauch.

Für den Sonderfall der ebenen Punktbewegung bei gleichförmiger Drehung der Bahntangente ist die reduzierte Beschleunigung gleich dem in bezug auf die Bahnnormale gespiegelten Vektor vom Bahnpunkt zum Krümmungsmittelpunkt der Evolute der Bahn[7].

---

[1] S.-B. Akad. Wiss. Wien, Abt. IIa, Bd. 138 (1929) S. 27—34. Bezüglich der Verwendung des Bildhodographen in der graphischen Kinematik räumlich bewegter Systeme vgl. (27).

[2] Seine Verwendung führt auch zu einer allgemein gültigen Konstruktion für die Krümmungshalbmesser ebener Kurven, die dann besonders zweckmäßig ist, wenn die zu untersuchende Kurve (z. B. Schaulinie einer Bewegung) nur gezeichnet vorliegt. Vgl. K. FEDERHOFER: S.-B. Akad. Wiss. Wien, Abt. IIa Bd. 135 (1926) S. 79—92 (mit weiteren Literaturangaben). — BOULAD, F.: Nouv. Ann. Math. Bd. 8 (4) (1908) S. 95, 287.

[3] Getriebelehre, S. 52. Berlin: Julius Springer 1917.

[4] Z. Math. Phys. Bd. 47 (1902) S. 267. Den hier fehlenden Beweis gibt H. ALT in der Dissertation: Zur Theorie der Geschwindigkeits- und Beschleunigungspläne einer komplan bewegten Ebene, S. 65. Dresden: T. H. 1914.

[5] Vgl. A. LAUFFER: Z. angew. Math. Mech. Bd. 4 (1924) S. 521.

[6] Z. angew. Math. Mech. Bd. 4 (1924) S. 348.

[7] MICHEL, CH.: Nouv. Ann. Math. Bd. 17 (4) (1917) S. 361—373.

2. Relative Bewegung. Die für die Untersuchung der relativen Bewegungen grundlegende Beziehung[1]

$$\dot{\mathfrak{r}}_a = \dot{\mathfrak{r}}_r + \dot{\mathfrak{r}}_f, \tag{a}$$

worin $\dot{\mathfrak{r}}_a$, $\dot{\mathfrak{r}}_r$ die Geschwindigkeitsvektoren der absoluten und relativen Bewegung eines Punktes P, $\dot{\mathfrak{r}}_f$ die Führungs- (System-) Geschwindigkeit des sich augenblicklich mit P deckenden Punktes des bewegten Bezugssystemes bedeuten, gilt allgemein für die absolute Änderungsgeschwindigkeit eines beliebigen Vektors, der eine relative Änderung erfährt in bezug auf ein System, das im allgemeinsten Falle eine momentane Schraubenbewegung (Drehvektor $\mathfrak{w}$) ausführt. Die $(n-1)$-malige Anwendung auf den Vektor $\dot{\mathfrak{r}}_a$ führt nach C. BURALI-FORTI[2] zur eleganten Gleichung

$$r_a^{(n)} = r_r^{(n)} + r_f^{(n)} + \sum_{i=1}^{i=n-1} \binom{n}{i} \beta_i r_r^{(n-1)}, \tag{b}$$

die den Zusammenhang der absoluten und relativen Änderung n-ter Ordnung des Ortsvektors $\mathfrak{r}$ eines bewegten Punktes darstellt. Hierin ist die Homographie β_n definiert durch die rekurrente Formel

$$\beta_n = \beta_{n-1}\beta_1 + \beta'_{n-1} \quad \text{mit} \quad \beta_0 = 1 \quad \text{und} \quad \beta_1 = \mathfrak{w}\times$$

($\times$ bedeutet ein Vektorprodukt).

Der Sonderfall $n = 1$ führt aus (b) wieder auf (a) zurück, mit $n = 2$ ergibt sich die bekannte Gleichung von G. CORIOLIS[3] für die Beschleunigungen:

$$\mathfrak{b}_a = \mathfrak{b}_r + \mathfrak{b}_f + \mathfrak{b}_c, \tag{c}$$

worin

$$\mathfrak{b}_c = 2\mathfrak{w} \times \mathfrak{v}_r \; * \tag{d}$$

[1] Ein einfacher und direkter Beweis stammt von G. KOENIGS: Bull. Sci. math. Bd. 46 (2) (1922) S. 198—199. Er beruht darauf, daß die Differenz der auf die Verbindungslinie zweier Punkte projizierten Geschwindigkeiten dieser Punkte invariant ist gegen eine Änderung des Bezugssystems.

[2] Torino Atti Bd. 60 (1925) S. 171—177. Zu einer mit (b) gleichbedeutenden, formal weniger einfachen Gleichung gelangte bereits P. SOMOFF: Kinematik, S. 394. Leipzig: Teubner 1878.

[3] Für diese im abgelaufenen Jahrhundert vielfach abgeleitete Gleichung wurde auch in den letzten drei Jahrzehnten eine ansehnliche Zahl von Beweisen gegeben. Vgl.: HEUN, K.: Formeln und Lehrsätze der allgemeinen Mechanik, S. 20. Leipzig: Göschen 1902 — Lehrbuch der Mechanik. I. Kinematik, S. 208—210. Leipzig: Göschen 1906. — BERTRAND, E.: L'enseignement math. Bd. 8 (1906) S. 290—292. — BURALI-FORTI, C.: Torino Atti Bd. 47 (1912) S. 261—265. — NIEWENGLOWSKI, B.: Bull. Sci. math. Bd. 47 (2) (1923) S. 40—42. — Nouv. Ann. Math. Bd. 1 (5) (1923) S. 147—150. — GROMOV, M.: Bull. Univ. Taschkent 1926, Lieferung 12, S. 15—20. — PRESS, A.: Trans. Roy. Soc. Canada (Sect. III) Bd. 21 (1927) S. 371—375. — FÖPPL, L.: Festschrift. A. Stodola zum 70. Geburtstag, S. 150—153. Zürich: Orell Füssli 1929. — ILIOVICI, G.: Rev. de Math. spéc. Bd. 39 (1929) S. 449—451. — ODONE, F.: Giorn. di Mat. Bd. 67 (1929) S. 230—232.

* Hiernach kann die Konstruktion von $\mathfrak{b}_c$ nach den Methoden für die zeichnerische Darstellung von statischen Momenten erfolgen. [Vgl. (17) und (18)]. Eine Anwendung hiervon für die zeichnerische Kinematik der räumlich schwingenden Kurbelschleife zeigt K. FEDERHOFER: S.-B. Akad. Wiss. Wien, Abt. IIa, Bd. 138 (1929) S. 31—33.

die Coriolisbeschleunigung (zusammengesetzte oder Verbundbeschleunigung) angibt.

II. Die Bewegung des freien ebenen Systems.

3. Die Pole der ebenen Bewegung. Für die komplane Bewegung werden die Geschwindigkeiten und Beschleunigungen der einzelnen Systempunkte durch Angabe des augenblicklichen Drehpoles[1] (Momentan- oder Geschwindigkeitspoles), des Beschleunigungspoles und der Größe der Geschwindigkeit und Beschleunigung eines beliebigen Systempunktes dargestellt. Zur Vervollständigung der Kennzeichnung des Bewegungszustandes dient noch die Angabe des Wendepoles und Tangentialpoles. Sind $\alpha\beta$ die Endpunkte der in den Systempunkten AB angesetzten Beschleunigungsvektoren, die sich in G schneiden mögen, und sei F der Schnittpunkt von AB mit $\alpha\beta$, so schneiden sich die vier Kreise $(FA\alpha)$, $(FB\beta)$, (GAB), $(G\alpha\beta)$ im Beschleunigungspole P, der daher mittels zweier dieser Kreise konstruiert werden kann[2]. Hieraus folgt der Satz: Werden zwei aufeinanderfolgende Eckpunkte eines beliebigen Vierecks als Punkte eines eben bewegten Systems angenommen und die von ihnen nach den andern beiden Eckpunkten gehenden Seiten als ihre Beschleunigungen, so ergibt sich bei der dann möglichen vierfachen Wahl dieser Punktepaare stets derselbe Beschleunigungspol.

G. Marx[3] bestimmt den Beschleunigungspol P aus den Beschleunigungen $\mathfrak{b}_A$ und $\mathfrak{b}_B$ zweier Systempunkte A und B durch zweifache Winkelübertragung. Da $\mathfrak{b}_A = \mathfrak{b}_{AB} + \mathfrak{b}_B$, so kann das diese Gleichung darstellende Dreieck gezeichnet werden (Fig. 1). Die Beschleunigung $\mathfrak{b}_{AB}$ der relativen Bewegung von A gegen B schließt mit AB den Beschleunigungswinkel φ ein, ebenso bilden die Vektoren $\mathfrak{b}_A$ und $\mathfrak{b}_B$ mit den von

[1] Die notwendigen Bedingungen für die Existenz eines eindeutig bestimmten Drehpoles untersucht J. Hjelmslev: Mat. Tidsskr. Bd. 1 (1919) S. 2—14. Jede Gerade des bewegten ebenen Systems muß einen „Charakteristikpunkt" besitzen (Grenzschnittpunkt mit nahe liegenden Stellungen). Berührt z. B. die Kurve φ des bewegten Systems die Kurve ψ des festen Systems in A, dann ist die notwendige und hinreichende Bedingung dafür, daß der Drehpol in A liegt, die, daß die Verbindungsgerade BC zweier entsprechenden Punkte beider Kurven gegen die Tangente in A konvergiert oder daß der Schnittpunkt S der Tangenten in B und C gegen A konvergiert, wenn B und $C \to A$. Eine dieser Bedingungen ist sicher erfüllt, wenn φ und ψ konvexe Bögen mit der Konkavität nach verschiedenen Seiten sind; es lassen sich aber Beispiele anführen, bei denen keine dieser Bedingungen erfüllt zu sein braucht.

[2] Burmester, L.: Lehrbuch der Kinematik, S. 806 (1888). Vgl. auch C. Spelta, Giorn. di Mat. (Napoli) Bd. 45 (1907) S. 82—87. Dort ist u. a. der Satz, daß P im Schnitte der beiden Kreise $FA\alpha$ und $FB\beta$ liegt, neuerlich bewiesen. — Cardinaal, J.: Wiskundige Opgaven Bd. 10 (1910) S. 308—310, Vraagstuck 131 und 132. Beide Arbeiten enthalten die Lösungen einer Reihe von Aufgaben, die sich auf den Geschwindigkeits- und Beschleunigungszustand des ebenen Systems beziehen.

[3] Z. angew. Math. Mech. Bd. 10 (1930) S. 199.

A und B zum Beschleunigungspole P gezogenen Strahlen AP und BP den Beschleunigungswinkel φ. Man hat also nur den Winkel φ nach Größe und Sinn an $\mathfrak{b}_A$ und $\mathfrak{b}_B$ anzulegen, um im Schnitte der Endschenkel den Beschleunigungspol P zu erhalten[1]. Um die Winkelgeschwindigkeit ω und Winkelbeschleunigung ε der augenblicklichen Drehung des Systems zu erhalten, trägt man von B aus auf der Systemgeraden BA eine Strecke $BG = 1$ auf (Fig. 1), zieht $GH \parallel \mathfrak{b}_{AB}$ bis zum Schnitte H mit $(A)B$ und fällt aus H das Lot HM auf AB; dann ist

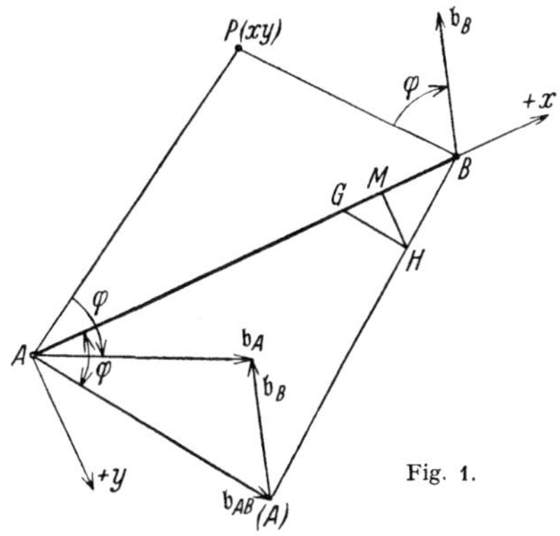

Fig. 1.

$$GM = \omega^2, \qquad HM = \varepsilon, \qquad GH = \sqrt{\omega^4 + \varepsilon^2}.$$

Das *Dreieck GMH* liefert also mit einem Schlage die Werte ω, ε und die Größe der Beschleunigung für alle Punkte im Abstande 1 vom Beschleunigungspole P sowie im Winkel MGH den Beschleunigungswinkel φ*.

In der Kinematik des zwangläufigen ebenen Systems kommt die Aufgabe vor, aus dem gegebenen Drehpole O, dem durch den Zwanglauf bestimmten Wendepole J und der Beschleunigung $\mathfrak{b}_A$ eines Systempunktes A den Beschleunigungspol P zu konstruieren, dessen Kenntnis die einfache Konstruktion der Beschleunigungen beliebiger anderer Systempunkte gestattet.

Nach den älteren hierfür bekannten Konstruktionen[2] wird der Punkt P im Schnitte gewisser Kreise gefunden. Eine sehr einfache lineare Konstruktion gab F. WITTENBAUER[3], eine neue lineare Konstruktion stammt von K. FEDERHOFER[4]: Man ziehe (Fig. 2) $as \perp AO$ bis zum Schnitte s mit AJ, ferner $sp \parallel OJ$ bis zum Schnitte mit AO, dann ist der Tangentialpol H als Schnitt der durch A zu ap gezogenen Senk-

---

[1] Bei schleichenden Schnitten empfiehlt sich die Berechnung der Koordinaten x, y von P bezüglich des in Fig. 1 bezeichneten Achsenkreuzes; mit $\overline{AB} = a$ gelten nach K. FEDERHOFER die Formeln

$$x\,\frac{b_{AB}^2}{a} = \mathfrak{b}_A \cdot \mathfrak{b}_{AB}, \qquad y\,\frac{b_{AB}^2}{a} = |\,\mathfrak{b}_A \times \mathfrak{b}_{AB}\,|,$$

welche nach Entwicklung des inneren und äußeren Produktes leicht auszuwerten sind. Z. angew. Math. Mech. Bd. 12 (1932). Eine andere Berechnung gibt O. S. HECK; vgl. Fußnote 1, S. 12.

* Diese Eigenschaften des Dreieckes *GMH* hat zuerst C. SPELTA (Fußnote 2, S. 4) angegeben; die Konstruktion stammt von K. FEDERHOFER.

[2] WITTENBAUER, F.: Graphische Dynamik, S. 36—37.

[3] Civilingenieur Bd. 42 (1896) S. 57.

[4] Z. angew. Math. Mech. Bd. 3 (1923) S. 222.

rechten mit der Polbahntangente ($OH \perp OJ$) gegeben. Der Beschleunigungspol P ist der Fußpunkt des von O auf HJ gefällten Lotes.

Ist umgekehrt $\mathfrak{b}_A$, O und der Beschleunigungspol P bekannt, so führt folgende Konstruktion (Fig. 3) zur Kenntnis des Wendepoles: Man bringt $\mathfrak{b}_A$ zum Schnitte x mit dem über OPA geschlagenen Kreise, dann liefert xO die Polbahnnormale. Der gesuchte Wendepol J liegt im Schnitte von xO mit der in P zu PO gezogenen Normalen. Fig. 3 zeigt

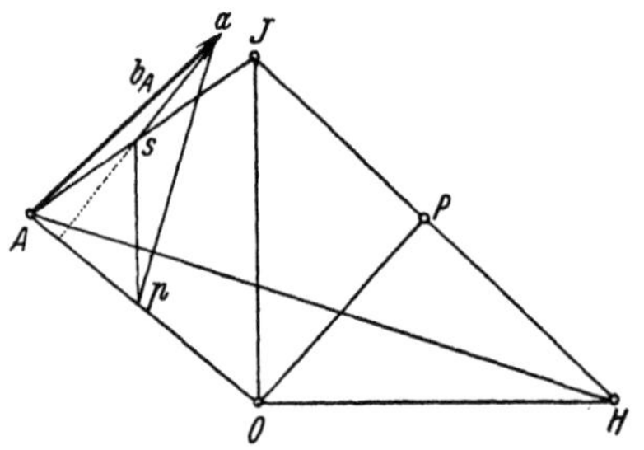

Fig. 2.

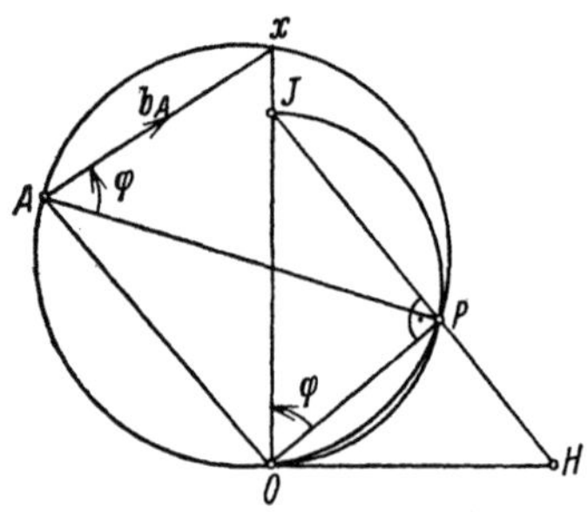

Fig. 3.

ferner, daß der Beschleunigungspol P aus O, $\mathfrak{b}_A$ und J im Schnitte des Umkreises des Dreieckes OAx und des Halbkreises über OJ erhalten wird.

Bei der graphischen Untersuchung des Beschleunigungssystems der ebenen (und räumlichen) Bewegung ist es zweckmäßig, die Beschleunigungen als reine Strecken darzustellen, indem sie durch ω^2 dividiert werden; die so erhaltenen gerichteten Strecken nennt man nach TH. PÖSCHL die „reduzierten" Beschleunigungen[1]. ω bedeutet die augenblickliche Winkelgeschwindigkeit des ebenen (oder räumlichen) Systems. Das System der reduzierten Beschleunigungen besitzt im Falle der ebenen Bewegung nach F. FOSCHI[2] folgende einfache Eigenschaften:

1. Alle über den in den einzelnen Systempunkten angesetzten reduzierten Beschleunigungen als Durchmesser beschriebenen Kreise schneiden sich im Beschleunigungspole[3].

2. Die reduzierte Normalbeschleunigung eines Systempunktes A ist gleich der Entfernung dieses Punktes von jenem Wendepunkte W, der

---

[1] Z. Math. Phys. Bd. 60 (1912) S. 150; Bd. 63 (1914) S. 246. Vgl. auch K. FEDERHOFER: Z. angew. Math. Mech. Bd. 7 (1927) S. 291.

[2] Nuovo Cimento, Bologna, Nuova Serie Bd. 6 (1929) S. 217—229.

[3] Durch zwei dieser reduzierten Kreise, denen auch der reduzierte Wende- und Tangentialkreis angehören, ist daher der Beschleunigungspol sehr einfach zu bestimmen; der zweite Schnittpunkt der beiden reduzierten Kreise fällt in den Schnittpunkt der beiden nach Satz 3 zueinander senkrechten Geraden, welche die beiden Systempunkte und die Endpunkte der zugehörigen reduzierten Beschleunigungen verbinden.

auf dem durch den Drehpol O gelegten Strahle AO liegt $\left(\overline{AW} = \frac{\overline{AO}^2}{\varrho}\right.$, mit ϱ als Krümmungshalbmesser der Bahn von $\left.A\right)$.

3. Die Endpunkte der in den Systempunkten angesetzten reduzierten Beschleunigungsvektoren bilden eine zur Figur der Systempunkte ähnliche Figur, die „reduzierte" Beschleunigungsfigur, und die entsprechenden Geraden beider Figuren stehen aufeinander senkrecht[1].

Die Ähnlichkeit der Beschleunigungsfigur und der bewegten starren Figur wurde bereits von L. Burmester[2] bewiesen, und zwar auch für bewegte ähnlich veränderliche Systeme; bei Verwendung der oben definierten reduzierten Beschleunigungsvektoren wird aber die Lagenbeziehung beider Figuren besonders einfach, nämlich orthogonal, und diese Eigenschaft vereinfacht die Konstruktion der ähnlichen Beschleunigungsfigur, da das Übertragen von Winkeln überflüssig wird.

Zwei beliebige durch den Drehpol O und Beschleunigungspol P gelegte Kreise schneiden die Polbahntangente (außer in O) in den Punkten $C_1 C_2$; ist F die Fläche des Dreieckes, dessen Ecken in O und in den Endpunkten der beiden durch O gehenden Durchmesser dieser Kreise liegen, so ist der Wert $\frac{C_1 C_2}{2F}$ für alle möglichen Kreispaare durch O und P unveränderlich gleich $\frac{1}{R} \pm \frac{1}{R_0}$*, wenn R und R_0 die Krümmungshalbmesser der Gang- und Rastpolbahn bedeuten. Aus der Konstruktion folgt sofort, daß $\frac{2F}{C_1 C_2}$ gleich ist dem Durchmesser des Wendekreises, dessen reziproker Wert übereinstimmt mit der Summe (bzw. Differenz) der Krümmungen beider Polbahnen. Für die Ermittlung der Krümmungsmittelpunkte der Bahnen der Systempunkte stehen außer den schon lange bekannten Verfahren von W. Schell[3], S. Aronhold[4], M. Grübler[5] und W. Hartmann[6] die neueren Konstruktionen von G. Koenigs[7],

---

[1] Satz 1 u. der zweite Teil des Satzes 3 wurden zuerst vektorisch bewiesen von A. Ziwet und P. Field: Amer. Math. Monthly Bd. 21 (1914) S. 105—113.

[2] Civilingenieur Bd. 24 (1878) S. 152.

* Das Ergebnis stammt mit längerer analytischer Beweisführung von C. Spelta: Rendiconti del circolo matem. Palermo Bd. 4 (Suppl.) (1909) S. 33—34. Gehen die beiden Kreise über in den Wende- und Tangentialkreis, so ergibt sich der Wert der Invarianten unmittelbar.

[3] Theorie der Bewegung und der Kräfte Bd. 1 S. 464. Leipzig: Teubner 1879. Drehpol O und Wendepol J.

[4] Verhandlungen des Vereins zur Förderung des Gewerbefleißes in Preußen. Jahrg. 51. Berlin 1872. Drehpol O samt Polbahntangente und ein Systempunkt A mit Krümmungsmittelpunkt seiner Bahn.

[5] Z. Math. Phys. Bd. 29 (1884) S. 310—313. — Getriebelehre, S. 120. Berlin: Julius Springer 1917. Drehpol O und der auf dem Polstrahle AO liegende Wendepunkt.

[6] Z. Ver. Deutsch. Ing. Bd. 37 (1873) S. 95—101. Krümmungsmittelpunkte der Rast- und Gangpolbahn und Drehpol O.

[7] Bull. Sci. math. Bd. 31 (2) (1907) S. 29—32. Annahme wie in (6).

F. Boulad[1] und Th. Pöschl[2] zur Verfügung, die je nach den in den Fußnoten vermerkten Angaben für die Bewegung ihre besonderen Vorteile haben.

4. Geschwindigkeits- und Beschleunigungspläne. Bewegt sich ein Systempunkt A auf seiner Bahnkurve und trägt man die um 90° gedrehten Geschwindigkeiten dieses Punktes von einem festen Punkt aus auf, dann erfüllen die Endpunkte dieser gedrehten Geschwindigkeitsvektoren den *polaren V-Plan.* Für jede ebene Systembewegung gibt es also ein polares V-Plan-System. Trägt man in den aufeinanderfolgenden Lagen des bewegten Systempunktes A die zugehörigen um 90° gedrehten Geschwindigkeitsvektoren auf, dann wird die von den Endpunkten erfüllte Kurve nach M. Grübler der *V-Plan* des Punktes A genannt.

Trägt man ferner in den aufeinanderfolgenden Lagen des bewegten Systempunktes A die zugehörigen Beschleunigungen $\mathfrak{b}$ auf, dann ist der geometrische Ort der Endpunkte dieser Vektoren der P-Plan des Systempunktes A.

Erfolgt aber die Auftragung der Beschleunigungsvektoren des Punktes A von einem festen Punkte, dann erhält man den polaren P-Plan dieses Punktes A.

H. Alt[3] untersucht den ganzen Verlauf der eben definierten Geschwindigkeits- und Beschleunigungspläne der Punkte einer komplan bewegten starren Ebene und ermittelt die Beziehungen, die einerseits zwischen diesen Plänen selbst und andererseits zwischen ihnen und der Bewegung der starren Ebene bestehen, wobei die Theorie der ähnlich veränderlichen ebenen Systeme (7) die Grundlage der Untersuchung bildet. Besondere Betrachtung finden zwei spezielle Bewegungen des ähnlich veränderlichen Systems: die einförmige Bewegung (bei der der Ähnlichkeitspol in Ruhe bleibt) und die Bewegung mit ruhendem Wendepol. Bei gegebenen Bewegungsgleichungen der starren Ebene sind die Bewegungsgleichungen des polaren V-Planes ohne weiteres aufzustellen; dagegen ist es nicht immer möglich, umgekehrt aus vorgegebenen Bewegungsgleichungen des polaren V-Planes die entsprechende Bewegung der Ebene zu ermitteln. Die bewegte Polkurve und der Wendekreis in der bewegten Ebene lassen sich dagegen immer elementar darstellen.

Bewegt sich ein Punkt Ω des ebenen Systems mit konstanter Geschwindigkeit auf einer Geraden, so sind die polaren V-Pläne aller Punkte der Ebene ähnliche und ähnlich gelegene Figuren; der ruhende Ähnlichkeitspol ist der zu einem Punkt entartete polare V-Plan des

[1] Nouv. Ann. Math. Bd. 8 (4) (1908) S. 128—133. Zwei Systempunkte mit den Krümmungsmittelpunkten ihrer Bahnen. — Vereinfachung dieser Konstruktion mit Benutzung der Wendepunkte vgl. A. Pellet, ebenda S. 331.

[2] Z. Math. Phys. Bd. 58 (1910) S. 166—167. — Annahme wie in (1). Die gleiche lineare Konstruktion gibt später auch M. d'Ocagne an. Nouv. Ann. Math. Bd. 19 (4) (1919) S. 131—134.

[3] Siehe S. 2, Fußnote 4.

Punktes Ω; für diese Bewegung besteht zwischen der bewegten Polkurve und den polaren V-Plänen die Verwandtschaft der Inversion. Der Inversionspol ist der Punkt Ω bzw. sein in einen Punkt entarteter polarer V-Plan.

Die einzige Bewegung einer starren Ebene mit ruhendem Wendepol ist die Ellipsenschieberbewegung.

Sind die auf gemeinsamen Pol bezogenen polaren V-Pläne von drei gegebenen Punkten der bewegten Ebene bekannt, so ist hierdurch die Bewegung der Ebene vollständig bestimmt. Schon in verhältnismäßig einfachen Fällen führt aber das analytische Verfahren zur Bestimmung der zu den drei V-Plänen gehörigen Bewegung zu sehr umständlichen Rechnungen, bei denen die vorkommenden Integrationen nur selten durchgeführt werden können. In vielen Fällen sind aber die Hodographen nicht durch ihre Gleichungen, sondern nur zeichnerisch gegeben; für diese Fälle hat H. ALT[1] ein verhältnismäßig einfaches zeichnerisches Verfahren ausgebildet, das in der Konstruktion der bewegten und ruhenden Polkurve besteht, aus denen die Bahnen aller Punkte der bewegten Ebenen angegeben werden können. Da der Geschwindigkeitszustand und die Richtungen der Beschleunigungen dreier Systempunkte bekannt sind (sie sind parallel den entsprechenden Hodographennormalen), so läßt sich auch der Beschleunigungspol, der Wendepol und die Beschleunigung jedes beliebigen Systempunktes konstruieren.

Wesentlich verschieden von den vorhin erwähnten, zur Beschreibung der Bewegung des ebenen Systems dienenden Plänen, aus denen die Geschwindigkeiten und Beschleunigungen für den *ganzen Ablauf* der Bewegung entnommen werden können, sind die für den *augenblicklichen* Bewegungszustand geltenden Geschwindigkeits- und Beschleunigungspläne, deren Name und Gedanke von O. MOHR[2] stammt.

Man trägt die Geschwindigkeiten (Beschleunigungen) der Punkte des ebenen Systems von einem beliebigen Punkte $o\,(\pi)$, dem Geschwindigkeitsnullpunkt (Beschleunigungsnullpunkt) auf; die so entstehende Figur der Geschwindigkeitspunkte (Beschleunigungspunkte) nennt man den Geschwindigkeitsplan (Beschleunigungsplan) der ebenen Bewegung. Beide Pläne sind sowohl für das starre ebene (und räumliche) System wie auch für ebene (und räumliche) ähnlich veränderliche Systeme nach R. MEHMKE[3] dem gegebenen bewegten Systeme ähnlich.

Diese Geschwindigkeits- und Beschleunigungspläne besitzen für die graphische Kinematik und Kinetostatik hervorragende Bedeutung, da sie es ermöglichen, die Geschwindigkeits- und Beschleunigungszustände auch verwickelter Mechanismen auf zeichnerischem Wege in einfacher Weise darzustellen (IV und VIII); die analytische Methode versagt hier

[1] Z. angew. Math. Mech. Bd. 4 (1924) S. 243—249.
[2] Civilingenieur Bd. 33 (1887) S. 631—650.
[3] Civilingenieur Bd. 29 (1883) S. 495.

meist vollkommen oder führt schon in einfachen Fällen zu unübersichtlichen Formeln.

5. Die möglichen Beschleunigungszustände des ebenen Systems. Weitgehenden Einblick in die Mannigfaltigkeit der möglichen Beschleunigungszustände bei der komplanen Bewegung des starren ebenen Systems gewährt eine von L. Burmester herrührende Untersuchung[1]. Es wird die Figur der Endpunkte der in den Systempunkten angesetzten Geschwindigkeiten einfach als *Geschwindigkeitszustand* und die Figur der entsprechenden Beschleunigungspunkte als *Beschleunigungszustand* bezeichnet, die Endpunkte dieser Vektoren heißen Geschwindigkeits- und Beschleunigungspunkte.

Bewegt sich ein Geschwindigkeitspunkt eines Systempunktes auf der Tangente seiner Bahn, dann beschreiben alle Geschwindigkeitspunkte der Systempunkte ähnliche Bewegungen auf ihren Bahntangenten bei fest bleibendem Drehpol. Der so entstehende Bewegungsvorgang ist die geradlinige Bewegung eines ähnlich veränderlichen ebenen Systems mit dem Pol als ruhenden Phasenpunkt. „Demnach gibt es bei der komplanen Bewegung während je eines Zeitelementes einfach-unendlich viele mögliche Geschwindigkeitszustände, welche die Systemphasen des geradlinig bewegten ähnlich veränderlichen ebenen Systems sind, in dem der Pol der ruhende Phasenpunkt und das starre ebene System die anfängliche Systemphase ist.“

Die Beschleunigungspunkte der einem Systempunkt erteilten Beschleunigungen und die entsprechenden Beschleunigungspunkte für einen anderen Systempunkt bilden zwei affine Systeme; dies folgt daraus, daß es möglich ist, durch Ziehen paralleler Linien zu bestimmten Geraden aus der gegebenen Beschleunigung eines Systempunktes die eines anderen Systempunktes zu konstruieren[2]. Diese durch die Konstruktionen von Th. Pöschl und L. Burmester (9) definierte besondere Affinität nennt Burmester kinematische Affinität und weist nach, daß in ihr der Wendepol der selbstentsprechende Punkt ist.

Die ebene Bewegung des starren Systems ist durch die Bahnen zweier Systempunkte AB bestimmt; einer willkürlichen Annahme der Beschleunigung des Systempunktes A entspricht eine durch die vorerwähnten linearen Konstruktionen eindeutig bestimmte Beschleunigung des Punktes B, so daß mit der Annahme von $\mathfrak{b}_A$ der Beschleunigungszustand des ebenen Systems festgelegt ist. Da nun dem Punkte A zwei-

[1] Z. angew. Math. Mech. Bd. 5 (1925) S. 502—519.

[2] Vgl. die Konstruktionen in Fig. 6 und 7. Die Bewegung einer Strecke AB des ebenen Systems kann während zweier Zeitelemente durch die Bewegung des Gelenkviereckes O_1ABO_2 ersetzt werden, wenn O_1O_2 die Krümmungsmittelpunkte der Bahnen von A und B sind; in den beiden affinen Systemen entsprechen sich die Geraden O_1A und O_2B *nicht*; wohl aber sind die in den Endpunkten der einander entsprechenden Normalbeschleunigungen $\mathfrak{b}_{A,1}$ und $\mathfrak{b}_{B,1}$ auf O_1A und O_2B errichteten Senkrechten einander entsprechende Gerade.

fach-unendlich viele Beschleunigungen erteilt werden können, so gibt es bei einem komplan bewegten ebenen System während je zweier Zeitelemente zweifach-unendlich viele mögliche Beschleunigungszustände. Diese zweifach-unendlich vielen Beschleunigungszustände ordnet L. BURMESTER in einfach-unendlich viele richtgerade und normalgerade Beschleunigungszuständescharen. Das Ordnungsprinzip ergibt sich dadurch, daß einmal die ∞^1-Beschleunigungen eines Systempunktes betrachtet werden, deren Beschleunigungspunkte auf einer durch den Systempunkt gezogenen beliebigen Geraden (*Richtgeraden*) liegen, während das andere Mal nur solche Beschleunigungen betrachtet werden, die eine gemeinsame Normalbeschleunigung haben, deren Beschleunigungspunkte dann auf einer sog. *Normalgeraden* liegen. Für die dieser Ordnung entsprechenden einfach-unendlich vielen Beschleunigungszuständescharen beweist L. BURMESTER die folgenden Sätze:

a) Für die einfach-unendlich vielen richtgeraden Beschleunigungszuständescharen, in denen je ein Beschleunigungspol der gemeinsame selbstentsprechende Punkt ist, sind alle Beschleunigungszustände Systemphasen des auf je einem der einfach-unendlich vielen Richtgeradenkomplexe bewegten ähnlich-veränderlichen ebenen Systems, und das starre ebene System ist die anfängliche Systemphase; b) für die einfach-unendlich vielen normalgeraden Beschleunigungszuständescharen, in denen der Beschleunigungspunkt des Poles der gemeinsame selbstentsprechende Punkt ist, sind alle Beschleunigungszustände Systemphasen des auf je einem der einfach-unendlich vielen Normalgeradenkomplexe bewegten ähnlich-veränderlichen ebenen Systems, das dem starren ebenen System ähnlich ist.

Da durch die Normalbeschleunigung eines Systempunktes ein Geschwindigkeitszustand und eine normalgerade Beschleunigungszuständeschar bestimmt wird, so folgt schließlich: Zu allen Beschleunigungszuständen in einer normalgeraden Beschleunigungszuständeschar gehört ein einziger Geschwindigkeitszustand[1].

Nach E. WAELSCH[2] lassen sich die Sätze und Konstruktionen der

[1] Diese Beziehung wurde schon früher von F. WITTENBAUER (Graphische Dynamik, S. 29) in dem Satze ausgedrückt: Für einen bestimmten Geschwindigkeitszustand des starren ebenen Systems bilden die Beschleunigungspunkte aller möglichen Beschleunigungszustände ähnliche Punktreihen. Dieser Satz ermöglicht zahlreiche schöne Anwendungen in der graphischen Kinematik und Kinetostatik zwangläufiger ebener Systeme, die in dem genannten Buche ausführlich behandelt sind.

[2] Z. angew. Math. Mech. Bd. 8 (1928) S. 231—236. Schon vorher wurden einige Eigenschaften der ebenen Bewegung vektoriell bewiesen. Vgl. C. HEUN: Lehrbuch der Mechanik. I. Teil: Kinematik, S. 182—185 (1906), und A. ZIWET u. P. FIELD: Amer. Math. Monthly Bd. 21 (1914) S. 105—113. Letztere Arbeit enthält u. a. zwei neue Konstruktionen für die Beschleunigung eines Systempunktes, wenn jene zweier anderer Punkte gegeben sind (ohne Beschleunigungspol); die Benutzung der Ähnlichkeitssätze von L. BURMESTER und R. MEHMKE führt aber viel einfacher zum Ziele.

komplanen Bewegung einfach ableiten unter Verwendung der Vektorrechnung.

Es seien ein von dem Bezugspunkt O ausgehender Vektor und sein Endpunkt mit dem gleichen deutschen Buchstaben bezeichnet. Ein im ebenen System im positiven Sinne um 90° gedrehter Vektor $\mathfrak{a}$ werde mit $\mathfrak{a}'$ bezeichnet. Dann erhält man in einfacher Weise für die Beschleunigung $\mathfrak{b}$ eines beliebigen Systempunktes die folgenden Darstellungen (Fig. 4):

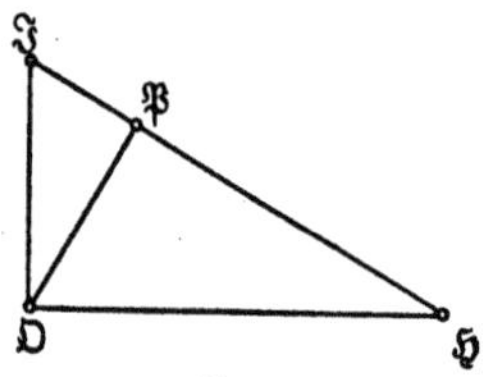

Fig. 4.

$$\mathfrak{b} = \mathfrak{b}_{\mathfrak{O}} + \omega^2 \mathfrak{O} - \varepsilon \mathfrak{O}',$$
$$\begin{aligned}\mathfrak{b} &= \omega^2 \mathfrak{J} - \varepsilon \mathfrak{O}' \\ &= \omega^2 \mathfrak{O} - \varepsilon \mathfrak{H}' \\ &= \omega^2 \mathfrak{P} - \varepsilon \mathfrak{P}'.\end{aligned}$$

Die erste und letzte dieser Darstellungen besagen, daß $\mathfrak{b} - \mathfrak{b}_{\mathfrak{O}}$ bzw. $\mathfrak{b}$ aus den Vektoren $\mathfrak{O}$ bzw. $\mathfrak{P}$ durch ein und dieselbe Drehstreckung[1] mit dem Streckungsverhältnis $\tau = \sqrt{\omega^4 + \varepsilon^2}$ und einem Drehwinkel φ hervorgeht, dessen $\operatorname{tg} \varphi = -\frac{\varepsilon}{\omega^2}$. Es bedeutet ω die momentane Winkelgeschwindigkeit, ε die Winkelbeschleunigung.

Die zweite und dritte der obigen Gleichungen gibt die Zerlegung der Beschleunigung in die Wendebeschleunigung $(\omega^2 \mathfrak{J})$ und Triebbeschleunigung $(-\varepsilon \mathfrak{O}')$ nach GRÜBLER, bzw. die bekannte Zerlegung nach SCHELL an.

Da die ω^2, ε für alle Punkte des ebenen Systems im gleichen Augenblicke dieselben sind, so sind vermöge obiger Darstellungen die Vektortripel

$$\mathfrak{O}\mathfrak{O}'(\mathfrak{b} - \mathfrak{b}_{\mathfrak{O}}), \quad \mathfrak{J}\mathfrak{O}'\mathfrak{b}, \quad \mathfrak{O}\mathfrak{H}'\mathfrak{b}, \quad \mathfrak{P}\mathfrak{P}'\mathfrak{b}$$

zueinander affin. Die erste und vierte dieser Affinitäten sind die ebengenannte Drehstreckung, die zweite ist die BURMESTERsche. Sie führen zu sehr einfachen Lösungen der Aufgabe, bei gegebenem Geschwindigkeitszustand $(\mathfrak{O}, \omega)$ des ebenen Systems, bei bekannten Polen $\mathfrak{P}$ oder $\mathfrak{J}$ bzw. $\mathfrak{H}$ und gegebener Beschleunigung eines Systempunktes die Beschleunigung anderer Systempunkte zu konstruieren, wobei man sich bei Übertragung der gleichen Verhältnisse $\frac{\varepsilon}{\omega^2}$ und τ irgendeines Hilfsmittels, z. B. eines Proportionalzirkels, bedienen kann.

Die vier Vektortripel sind auch untereinander affin, und die drei letzten derselben haben den gemeinsamen Vektor $\mathfrak{b}$ als sich selbst entsprechend.

In einfacher Weise werden mit den Mitteln der Vektorrechnung auch die Sätze F. WITTENBAUERS[2] über die Wendepole und Tangentialpole

[1] O. S. HECK stellt diese Drehstreckung durch eine komplexe Transformation dar und gelangt damit zu einer einfachen Ermittlung des Beschleunigungspoles. (Bisher unveröffentlicht.)

[2] Z. Math. Phys. Bd. 36 (1891) S. 231; Bd. 40 (1895) S. 91, 151, 279.

der absoluten und relativen Bewegung, jene TH. PÖSCHLS[1] über die durch Kräfte bzw. durch Mannigfaltigkeiten von solchen beim starren ebenen System „erzeugten" Pole und die EULER-SAVARYsche Formel abgeleitet.

6. Hilfsmittel der räumlichen Betrachtungen. Man kann auch durch räumliche Betrachtungen zu Beziehungen und Konstruktionen für die Kinematik des ebenen Systems gelangen, und zwar dadurch, daß geometrische Gebilde der Ebene auf solche des Raumes abgebildet werden. Solche Untersuchungen verdankt man W. BLASCHKE[2] und J. GRÜNWALD[3]. W. BLASCHKE hat gezeigt, daß sich die ebene Kinematik einordnen läßt in die projektive Geometrie des Raumes. Man kommt hierbei auf eine projektive Maßbestimmung, die durch einen Grenzübergang aus der nichteuklidischen, und zwar elliptischen Maßbestimmung hervorgeht. Die dadurch definierte Geometrie nennt W. BLASCHKE quasielliptische Geometrie. Ihr absolutes Gebilde besteht aus einem Paar konjugiert-imaginärer Ebenen und einem Paar konjugiert-imaginärer Punkte auf der Schnittlinie dieser Ebenen. Den Übergang von der ebenen Kinematik zur quasielliptischen Geometrie vermittelt eine Abbildung (sog. kinematische Abbildung) der geordneten Punktpaare der Ebene auf die Geraden des Raumes, eine Abbildung, welche den euklidischen Bewegungen in der Ebene die Punkte und den euklidischen Umlegungen die Ebenen des Raumes zuordnet. Diese kinematische Abbildung gestattet, Sätze und Beziehungen, die im projektiven dreidimensionalen Raume gelten, unmittelbar auf die euklidische Kinematik zu übertragen und umgekehrt. Die gleiche Aufgabe löst F. REHBOCK[4] für den Fall irgendeiner *nicht*euklidischen ebenen Kinematik, wobei die von ihm[5] und L. ECKHART[6] herrührenden Methoden zur allgemeinsten linearen Abbildung des Strahlenraumes benutzt werden, und gibt ausführlich die Herstellung und Struktur der Abbildung für die hyperbolische und elliptische Geometrie an[7]. Mit Rücksicht auf die rein geometrische Fragestellung in den genannten Untersuchungen enthalten ihre Ergebnisse keine Aussagen über den Geschwindigkeits- und Beschleunigungszustand der komplanen Bewegung.

R. LAUFFER[8] führt die Untersuchung so, daß in den abgeleiteten Beziehungen und Konstruktionen nicht nur die *Lagen* der bewegten ebenen

[1] Z. Math. Phys. Bd. 58 (1910) S. 156; Bd. 60 (1912) S. 144.

[2] Z. Math. Phys. Bd. 60 (1912) S. 61—91.

[3] S.-B. Akad. Wiss. Wien, Abt. IIa, Bd. 70 (1911) S. 677—741.

[4] Mh. Math. Phys. Bd. 38 (1931) S. 257—274.

[5] Z. angew. Math. Mech. Bd. 6 (1926) S. 379—400, 449—468.

[6] Konstruktive Abbildungsmethoden, S. 52—57. Wien: Julius Springer 1926.

[7] Hinsichtlich der Abbildung des Strahlenraumes sei ferner verwiesen auf E. MÜLLER-KRUPPA: Die linearen Abbildungen. Leipzig und Wien 1923. — JAN DE VRIES: Intern. math. Tidschrift Jg. 2 (1922—1923) Nr. 3. — KLIMA, J.: Čas. Mat. Fys. Praha. Bd. 57 (1927) S. 7—24. (Tschechisch mit franz. Auszug.)

[8] Jber. Deutsch. Math.-Vereinig. Bd. 35 (1926) S. 182—193.

Gebilde eingehen, sondern auch ihr Bewegungszustand Berücksichtigung findet. Dabei wird der augenblickliche Bewegungszustand eines in der Ebene π bewegten ebenen Systems Σ durch einen Raumpunkt Q abgebildet. Ist A ein Punkt von Σ, so soll die Gerade AQ als Bild des Punktes A und seines augenblicklichen Bewegungszustandes betrachtet werden. Einer Geraden l des Systems Σ und ihrem Bewegungszustand wird die durch l und Q gelegte Ebene und der Punkt Q zugeordnet. Die konstruktive Verwertung der mit diesem Abbildungsprinzip abgeleiteten räumlichen Beziehungen wird zwar verhältnismäßig einfach, da man nur die Normalprojektion auf die Ebene π benötigt; jedoch konnten auf diesem Umwege keine Vereinfachungen der bekannten Konstruktionen für den Geschwindigkeits- und Beschleunigungszustand der komplanen Bewegung erzielt werden. Die von R. LAUFFER abgeleiteten Konstruktionen besitzen eine über die euklidische Maßbestimmung hinausgehende Allgemeinheit[1].

7. Komplane Bewegung des ebenen ähnlich- und affin-veränderlichen Systems. Die komplane Bewegung des ebenen ähnlich-veränderlichen und des ebenen affin-veränderlichen Systems wurde in einer großen Reihe von Arbeiten eingehend behandelt; diese beziehen sich vorwiegend auf die Krümmung der von den Systempunkten erzeugten Kurven und der von den Systemkurven erzeugten Hüllbahnkurven, auf die Ermittlung der Verwandtschaft zwischen den Systempunkten und den zugehörigen Krümmungsmittelpunkten (ein-zweideutige Verwandtschaft dritten Grades) usf.

Auf die Anführung der zahlreichen geometrischen Einzelergebnisse muß hier verzichtet werden und es mag der Literaturhinweis[2] genügen.

[1] Jber. Deutsch. Math.-Vereinig. Bd. 37 (1928) S. 335–350.

[2] SOMOFF, P.: Über einige Anwendungen der Kinematik veränderlicher Systeme auf Gelenkmechanismen. Z. Math. Phys. Bd. 46 (1901) S. 199 — Über einige Gelenksysteme mit ähnlich-veränderlichen oder affin-veränderlichen Elementen. Ebenda Bd. 49 (1903) S. 25–61. — RÉVEILLE, M. J.: Etude synthétique et analytique du déplacement d'un système qui reste semblable à lui même. Paris: Challamel 1905. — MÜLLER, R.: Über die Momentanbewegung eines ebenen ähnlich-veränderlichen Systems in seiner Ebene. Jber. Deutsch. Math.-Vereinig. Bd. 19 (1910) S. 29–89, 147–154 — (Systemat. geometrisch-synthetische Darstellung). — Polbestimmung für Verzweigungslagen bei der Bewegung eines ebenen ähnlich-veränderlichen Systems in seiner Ebene. Z. Math. Phys. Bd. 55 (1907) S. 141. — KRAUSE, M.: Zur Theorie der ebenen ähnlich-veränderlichen Systeme. Jber. Deutsch. Math.-Vereinig. Bd. 19 (1910) S. 327–339. Die Theorie wird auf Grund der Formeln der Koordinatentransformation einheitlich entwickelt. — MEHMKE, R.: Beiträge zur Kinematik starrer und affin-veränderlicher Systeme, insonderheit über die Windung der Bahnen der Systempunkte. Z. Math. Phys. Bd. 59 (1911) S. 90, 204, 440. — HARTMANN, TH: Zur Theorie der Momentanbewegung eines ebenen ähnlich-veränderlichen Systems. Dissertation. Rostock 1912. — CARL, A.: Zur Theorie der ebenen ähnlich-veränderlichen Systeme. Dissertation. Dresden 1914. — WINKLER, R.: Über die Bewegung affin-veränderlicher Systeme. Dissertation. Dresden 1914. — KRAUSE, M., und A. CARL: Analysis der ebenen Bewegung.

Als besonders bemerkenswert sei der von R. MÜLLER[1] gefundene Satz angeführt: Bewegen sich drei Punkte eines ebenen ähnlich-veränderlichen Systems auf Kreisen, dann beschreibt jeder andere Punkt eine Koppelkurve. M. KRAUSE bespricht auch die Fälle, in denen einer oder zwei der Bahnkreise in gerade Linien übergehen und zeigt, daß dieser Satz als ein Glied in einer Reihe von Sätzen anzusehen ist, die sämtlich Beziehungen zwischen den Bahnkurven starrer und ähnlich-veränderlicher Systeme herstellen.

III. Das geführte ebene System.

Werden der freien Beweglichkeit eines ebenen Systems (vom Freiheitsgrade 3) Beschränkungen durch Führungen auferlegt, so entsteht das geführte ebene System. Man hat zu unterscheiden zwischen dem flächenläufigen ebenen System mit dem Freiheitsgrade 2 und dem zwangläufigen ebenen System mit dem Freiheitsgrad 1. Bei ersterem kann jeder Punkt des ebenen Systems alle Lagen innerhalb einer gewissen begrenzten Fläche einnehmen, bei letzterem ist jeder Systempunkt an eine ganz bestimmte Bahn gezwungen.

8. Das flächenläufige System. (Bewegung mit zwei Parametern.) Die Flächenläufigkeit eines ebenen Systems kann erzielt werden durch Führung eines Punktes in einer bestimmten Kurve (Einpunktführung) oder durch das Schleifen und Rollen einer Kurve des Systems auf einer festen Kurve (Einkurvenführung). In letzterem Falle können die beiden Kurven für zwei aufeinanderfolgende Zeitteilchen durch ihre Krümmungskreise ersetzt werden; da sich die Entfernung der beiden Krümmungsmittelpunkte während dieser Zeit nicht ändert, so wird der Krümmungsmittelpunkt der beweglichen Kurve durch diese Zeit auf einem unendlich kleinen Kreisbogen geführt, und es ist damit die Einkurvenführung kinematisch wieder auf die Einpunktführung zurückgeführt.

Wenn das frei bewegliche ebene System π in der festen Ebene π_1 gleitet, so hängt seine Stellung von drei Parametern ab, z. B. von den Koordinaten $a_1 b_1$ eines beliebigen Punktes A in bezug auf zwei rechtwinklige Achsen O_1X_1, O_1Y_1 in π_1 und von dem Winkel Θ, den eine im System π feste Achse AX mit O_1X_1 in π_1 einschließt. Wird den Lagen des Systems π eine Bedingung auferlegt, die sich durch eine Beziehung zwischen a, b, Θ ausdrückt, dann liegt eine *flächenläufige* Bewegung

Berlin: Vereinig. wiss. Verleger, VII, 1920. — ABRAMESCO, N.: Sur le mouvement des figures planes variables avec conservation de similitude ou d'aire. Bull. Sci. math. Bd. 26 (1924) — Nouv. Ann. Math. Bd. 83 (6) 1 (1925) S. 132—133, 198 bis 199 — C. R. Acad. Sci., Paris Bd. 192 (1931) S. 918—920.

[1] Z. Math. Phys. Bd. 58 (1910) S. 247. Weitere Beweise für diesen Satz gaben R. SKUTSCH (elementar-geometrisch): ebenda S. 252, R. MEHMKE (vektoriell): ebenda S. 257 und M. KRAUSE (vgl. Fußnote 2, S. 14) (analytisch). — MORLEY, F. V.: Proc. London Math. Soc. 1922 S. 140.

von π vor; eine solche zweiparametrige Bewegung sei nach G. KOENIGS[1] mit $\mathfrak{M}^2$ bezeichnet.

Für konstant bleibenden Winkel Θ erhält man die zweiparametrige Translation $\mathfrak{T}^2$ in der Ebene. Im allgemeinen ist aber Θ veränderlich mit der Stellung von π, und es bildet Θ zusammen mit einem willkürlich gewählten zweiten Parameter u das System der beiden Veränderlichen, welche die Lage von π gegen π_1 festlegen. Eine diesen beiden Veränderlichen auferlegte neue Bedingung führt dann zu einer Schar einparametriger Bewegungen $\mathfrak{M}^1$, die in $\mathfrak{M}^2$ enthalten sind. Läßt man z. B. Θ konstant, dann erhält man eine Translation $\mathfrak{T}^1$ mit einem Parameter, die in $\mathfrak{M}^2$ enthalten ist.

Von jeder beliebigen Ausgangslage aus kann die Ebene π ∞^1 infinitesimale Bewegungen $\mathfrak{M}^1$ ausführen, deren Drehpole auf einer Geraden (d) liegen. Diese Gerade steht senkrecht zur Richtung der Translation $\mathfrak{T}^1$ und enthält nach H. J. E. BETH[2] alle Punkte des bewegten Systems, die sich auf ihrer „Grenzkurve" befinden. Dabei begrenzen die „Grenzkurven" jenen Bereich der festen Ebene π_1, innerhalb dessen ein beliebiger Punkt des bewegten Systems bei der zweiparametrigen Bewegung sich bewegen kann. Jene Geraden des bewegten Systems, die mit den in π_1 befindlichen Drehpolgeraden zusammenfallen, bilden mit letzteren eine Verwandtschaft, von der R. BRICARD[3] beweist, daß für jede Bewegung, bei der das bewegte System in seine Ausgangslage zurückkehrt, die entsprechenden Geraden in beiden Systemen zwei geschlossene Kurven von gleicher Länge einhüllen[4].

Die vollständige analytische Darstellung der ebenen zweiparametrigen Bewegungen von G. KOENIGS[5] führt zu deren Einteilung in jene vom *allgemeinen Typus* und in jene *Ausnahmefälle*, die dadurch gekennzeichnet sind, daß alle darin vorkommenden Translationen $\mathfrak{T}^1$ *geradlinig* sind. Für diese Einteilung ist der Winkel φ von besonderer Wichtigkeit, den die Gerade d von π mit AX einschließt; die Winkel φ und Θ spielen dabei die Rolle von kanonischen Veränderlichen, deren Einführung eine ein-

---

[1] C. R. Acad. Sci., Paris Bd. 163 (1916) S. 511—514, 603—606, 658—670 — Bull. Sci. math. Bd. 41 (2) (1917) S. 120—127, 153—164, 181—196. An gleicher Stelle Bd. 40 (2) (1916) S. 295—296 benutzt G. DARBOUX eine Eigenschaft der $\mathfrak{M}^2$ für die kinematische Interpretation eines Ergebnisses von F. BOULAD [ebenda, Bd. 40 (1916) S. 292—295] über die Krümmungsmittelpunkte der orthogonalen Trajektorien einer beliebigen Familie von ebenen Kurven.

[2] Bull. Sci. math. Bd. 51 (2) (1927) S. 298—302. Die Krümmungsverhältnisse dieser Grenzkurven untersucht H. J. E. BETH auf geometrischem Wege [Nieuw Arch. Wiskde. Bd. 15 (1928) S. 367ff.]. Bezüglich der „Grenzflächen" bei mehrparametrigen räumlichen Bewegungen vgl. (23).

[3] Nouv. Ann. Math. Bd. 13 (4) (1913) S. 302 — 316 — C. R. Acad. Sci., Paris Bd. 166 (1918) S. 735 — Nouv. Ann. Math. Bd. 2 (6) (1927) S. 105—109. — CARTAN, E.: Ebenda Bd. 1 (6) (1925) S. 33—37.

[4] Über das sphärische Analogon vgl. (23).

[5] Vgl. obige Fußnote 1.

fache Darstellung der Formeln ermöglicht[1]. In den Fällen der $\mathfrak{M}^2$, für welche die Gerade d eine Einhüllende (e) in der bewegten Ebene π besitzt, ist die Bewegung definiert durch das gleitungslose Abrollen der in π festen Kurve (e) auf der Geraden d (wobei $\varphi + \Theta =$ konst.), während diese Gerade ohne Gleiten auf einer in π_1 festen Kurve (e_1) abrollt (wobei $\varphi =$ konst.). Diese beiden Rollbewegungen sind voneinander unabhängig. Da die Bewegung von d in bezug auf die beiden Ebenen π und π_1 nur von je einem Parameter abhängt, so gehören die betrachteten $\mathfrak{M}^2$ zu den *zerlegbaren Bewegungen*[2]. Ein Punkt P der Geraden d beschreibt in π und π_1 die Evolventen (a), (a_1) der Kurven (e) und (e_1); somit ist die Bewegung $\mathfrak{M}^2$ einfach dadurch definiert, daß die beiden Kurven (a), (a_1) sich immer berühren, wobei die Berührung in einem beliebigen Punkte jeder der beiden Kurven stattfinden kann. Die beiden zugehörigen Ausnahmefälle ergeben sich, wenn eine der beiden Kurven in eine Gerade übergeht; die Translationen $\mathfrak{T}^1$ entsprechen dem Gleiten der Geraden auf der Geraden selbst.

Die Eigenschaften zweiter Ordnung der $\mathfrak{M}^2$ (ihre Krümmungsverhältnisse) sind in beiden vorhin unterschiedenen Bewegungsklassen wesentlich voneinander verschieden.

Für die ∞^1 Bewegungen $\mathfrak{M}^1$, die in einer gegebenen zweiparametrigen Bewegung $\mathfrak{M}^2$ enthalten sind und den gleichen Drehpol O besitzen, liegen die Wendepole auf einer zu d senkrechten Geraden $d_{\mathfrak{Z}}$, welche d im Punkte H schneidet; die entsprechenden Wendekreise bilden ein durch die Punkte O und H gehendes Kreisbüschel. Die Kenntnis des zu einem

[1] W. VAN DER WOUDE [Kon. Akad. van Wetensch. Amsterdam, Bd. 35 (1926) S. 99—110] beweist die Sätze von G. KOENIGS mit den Hilfsmitteln der Theorie der Flächen und Einführung krummliniger Koordinaten (vgl. G. DARBOUX: Théorie des Surfaces Bd. 2. Paris 1915). Schon vorher hatte J. A. BARRAU ebene Bewegungen von zwei Freiheitsgraden in algebraischen Fällen durch algebraische Flächen interpretiert: C. R. Congrès intern. des math. 1920, S. 590—593; auch J. de Math. Bd. 3 (7) (1927). Zu einer ganz *symmetrischen* Darstellung der Formeln für $\mathfrak{M}^2$ gelangt W. VAN DER WOUDE durch Wahl der Geraden d als X-Achse und Annahme einer ganz bestimmten Geraden als Y-Achse; dann ist aber das System der beiden Koordinatenachsen mit keiner der beiden Ebenen π und π_1 fest verbunden. Proc. Acad. Amsterd. Bd. 31 (1928) S. 519—530.

[2] Besitzt die relative Bewegung $\mathfrak{M}^m$ zweier Körper S und S_1 den Freiheitsgrad m, so ist $\mathfrak{M}^m$ dann eine *zerlegbare* Bewegung, wenn sich ein Körper S_0 angeben läßt, so daß die Bewegung von S gegen S_0 abhängt von p Parametern und jene von S_0 gegen S_1 von $m - p$ Parametern, wobei letztere Parameter von den p Parametern unabhängig sind. — Über die zerlegbaren RIBAUCOURschen Bewegungen vgl. eine Arbeit von G. KOENIGS: J. de Math. Bd. 7 (6) (1911) S. 349—352. Gibt es außer dem Körper S_0 noch einen zweiten Körper Σ_0, für den die angeführte Zerlegung der Bewegung $\mathfrak{M}^m$ möglich ist, dann ist diese *doppelt zerlegbar*. Solche sind für $m = 2$ untersucht von G. KOENIGS: Bull. Soc. Math. France Bd. 41 (1913) S. 53—55 — Proc. Congr. Toronto Bd. 1 (1928) S. 889—910. — BRICARD, R.: C. R. Acad. Sci., Paris Bd. 158 (1914) S. 110—112 — Nouv. Ann. Math. Bd. 2 (6) (1927) S. 105—109.

gegebenen Drehpol O gehörigen Wendepolortes $d_{\mathfrak{J}}$ gestattet die Lösung einer Reihe von Problemen über die Krümmungsverhältnisse. Auf d befinden sich zwei bemerkenswerte Punkte (O) und (O_1); das sind die Drehpole von $\mathfrak{M}^1$, wenn die Gerade d eine konstante Richtung im festen bzw. im bewegten Systeme behält. Ist H_0 der dem Drehpole (O) entsprechende Punkt H, dann besteht für die Ermittlung von H die einfache Beziehung

$$\overline{H_0H} \cdot \overline{(O)(O_1)} = \overline{O(O)}^2 .$$

In den Ausnahmefällen rücken die Punkte (O) und H_0 ins Unendliche; die einander entsprechenden Punkte O und H bilden in ihren ∞^1 Lagen auf d *ähnliche* Punktreihen; jeder Punkt von d ist daher eine mögliche Lage von H und jeder Punkt der Ebene eine mögliche Lage des Wendepoles J für den Ausnahmefall der $\mathfrak{M}^2$.

Behält die Gerade d konstante Richtung gegenüber dem festen Systeme π_1, dann wird für diesen besonderen Ausnahmefall der Ähnlichkeitsfaktor gleich Null und der Punkt H ist ein fester Punkt, dessen Lage vom Drehpol O unabhängig ist. Die entsprechende Bewegung besteht in einem gleitungslosen Abrollen einer beliebigen Kurve von π auf der Geraden d, während diese selbst eine beliebige geradlinige Translation senkrecht zu d ausführt. Die Wendepole aller dieser in $\mathfrak{M}^2$ enthaltenen $\mathfrak{M}^1$ liegen stets auf einer zu d senkrechten Geraden.

H. J. E. Beth[1] untersucht auf rein geometrischem Wege die Bewegungen $\mathfrak{M}^2$ mit Einschluß der *nichtholonomen* Systembewegungen und bestätigt die Ergebnisse von G. Koenigs als einfache Sonderfälle der holonomen Bewegungen.

Dabei spielt eine projektive Verwandtschaft eine wichtige Rolle, die zwischen den auf d gelegenen Drehpolen O und gewissen zugehörigen Punkten W besteht. Dreht sich nämlich das System π um den Punkt O der Geraden d, so dreht sich letztere um den auf ihr liegenden Punkt W. Sind $d\Theta$ und $d\psi$ die elementaren Drehwinkel um O und W, so ist $\frac{d\psi}{d\Theta}$ eine zu O gehörende Konstante k, deren Änderung mit der Verschiebung des Punktes O auf d proportional geht.

Diese Verwandtschaft O, W, die sowohl für die direkte wie auch für die inverse Bewegung gilt und die für die Untersuchung der Krümmungsverhältnisse wesentlich ist, führt zur Einteilung der elementaren $\mathfrak{M}^2$ in bestimmte holonome und nichtholonome Typen, für die Beth kinematische Modelle angibt.

F. Wittenbauer[2] hat gezeigt, daß die Geschwindigkeits- und Beschleunigungsverhältnisse beim Flächenlaufe eines ebenen Systems durch Zeichnung der zugehörigen Mohrschen Pläne einfach darzustellen sind, und zwar in gleicher Weise für die Einpunkt- und Einkurvenführung.

[1] Nieuw Arch. Wiskde. Bd. 15 (1928) S. 345—376.

[2] Graphische Dynamik, S. 70—75.

9. Das zwangläufige System. Der *Zwanglauf* des ebenen Systems kann sowohl durch Führung von Punkten wie auch durch Führung von Kurven des Systems bewirkt werden. Hier besteht eine reiche Mannigfaltigkeit der möglichen Führungsarten; sie sind mit Benutzung der Ausführungen F. WITTENBAUERS[1] und R. KREUTZINGERS[2] übersichtlich zusammengestellt in dem Lehrbuche der Technischen Kinematik von R. BEYER[3]. Als stets zuverlässige Methode der Bestimmung der Geschwindigkeiten und Beschleunigungen beim ebenen Zwanglauf erweist sich, wie aus der eingehenden kinematischen Durcharbeitung dieser Fälle durch F. WITTENBAUER hervorgeht, die Verwendung der MOHRschen Geschwindigkeits- und Beschleunigungspläne mit ihrem einfachen

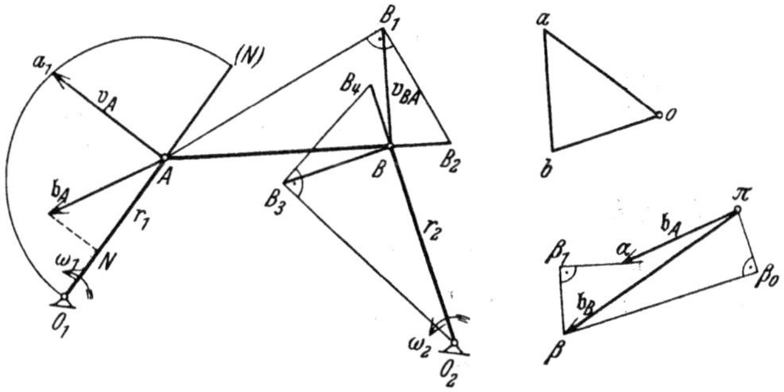

Fig. 5.

Konstruktionsprinzip, wobei die oft schwer zugänglichen Pole der Bewegung nicht benötigt werden. Diese Pläne sind auch dann stets konstruierbar, wenn sich das bewegte System in gewissen Sonderlagen befindet, für welche andere Konstruktionen zur Ermittlung des Beschleunigungszustandes versagen. An dem einfachen Beispiel der Zweipunktführung, die besondere Wichtigkeit hat mit Rücksicht auf das im Maschinenbau sehr verbreitete *Kurbelviereck*, soll diese Konstruktion gezeigt werden.

Für das in Fig. 5 dargestellte Kurbelviereck[4] mit den darin eingetragenen Bezeichnungen und Abmessungen sei aus der gegebenen Beschleunigung $\mathfrak{b}_A$ des Gelenkes A jene des Gelenkes B zu konstruieren.

Aus dem Vektorcharakter der Geschwindigkeit und Beschleunigung folgt unmittelbar

$$\mathfrak{v}_B = \mathfrak{v}_A + \mathfrak{v}_{BA}, \tag{1}$$

$$\mathfrak{b}_B = \mathfrak{b}_A + \mathfrak{b}_{BA}, \tag{2}$$

[1] Graphische Dynamik, S. 82—85. [2] HDI-Mitt. Jg. 18 (1929) H. 2.

[3] S. 203—206. Leipzig: Joh. Ambrosius Barth 1931.

[4] Im Schnittpunkte der beiden Kurbelachsen liegt der Momentanpol dieser sog. Dreistabbewegung (three bar motion, mouvement des trois-barres); die von ihm bei der Bewegung beschriebene Polkurve 8. Ordnung ist untersucht worden von R. MÜLLER: Z. Math. Phys. Bd. 48 (1903) S. 224—248; bezüglich ihrer Doppelpunkte vgl. M. CARDINAL: Arch. Teyler, Bd. 12 (2) (1910) und F. G. TEIXEIRA: Giorn. di Mat. Bd. 53 (3) (1915) S. 307—312.

worin $\mathfrak{v}_{BA}$ bzw. $\mathfrak{b}_{BA}$ die relative Geschwindigkeit bzw. Beschleunigung von B gegen A bedeutet.

Die Projektion AN von $\mathfrak{b}_A$ auf die Kurbel O_1A gibt die Normalbeschleunigung $\frac{v^2}{O_1A}$ des Punktes A. Durch sie ist die Geschwindigkeit v_A bestimmt. Man macht $A(N) = AN$, schlägt über $O_1(N)$ einen Halbkreis, errichtet in A die Normale zu O_1A, dann ist $\mathfrak{v}_A = \overrightarrow{Aa_1}$.

Die Gleichung (1) findet nun ihren zeichnerischen Ausdruck in dem seitlich gezeichneten Geschwindigkeitsplan oab mit dem Nullpunkte o, in welchem $\overrightarrow{oa} = \mathfrak{v}_A$ gemacht wird und die Linien $ob \perp O_2B$, $ab \perp AB$ gezogen werden. Damit ist

$$\mathfrak{v}_B = \overrightarrow{ob}, \quad \mathfrak{v}_{BA} = \overrightarrow{ab}.$$

Bei der Konstruktion des Beschleunigungsplanes ist zu beachten, daß die relative Beschleunigung von B gegen A sich aus einer durch den Geschwindigkeitszustand bestimmten relativen Normalbeschleunigung $b_{BA,1} = \frac{v^2_{BA}}{BA}$ (von B nach A gerichtet) und aus einer hierzu senkrechten relativen Tangentialbeschleunigung zusammensetzt. Macht man $\overline{BB_1} = v_{BA} = \overline{ab}$, zieht $B_1B_2 \perp AB_1$, so ist

$$\overline{B_2B} = b_{BA,1}.$$

Zerlegt man auch $\mathfrak{b}_B$ in die Normalbeschleunigung $b_{B,1} = \frac{v_B^2}{O_2B}$ (in Richtung BO_2) und in die dazu senkrechte Tangentialbeschleunigung und konstruiert $b_{B,1} = \overline{B_4B}$, indem $\overline{BB_3} = \overline{ob} = v_B$ und $B_3B_4 \perp B_3O_2$ gezogen wird, so kann durch Zusammenfassung des gegebenen Vektors $\mathfrak{b}_A$ mit den nur vom Geschwindigkeitszustande abhängigen Normalbeschleunigungen die Gleichung (2) auch geschrieben werden in der Form:

$$\mathfrak{b}_{B,2} - \mathfrak{b}_{BA,2} = \mathfrak{b}_A + \mathfrak{b}_{BA,1} - \mathfrak{b}_{B,1}.$$

Diese Vektorgleichung findet ihren zeichnerischen Ausdruck in dem Beschleunigungsplane mit dem Nullpunkte π, in welchem zunächst aufgetragen werden kann:

$$\overrightarrow{\pi\alpha} = \mathfrak{b}_A, \qquad \overrightarrow{\alpha\beta_1} = \mathfrak{b}_{BA,1}, \qquad \overrightarrow{\pi\beta_0} = \mathfrak{b}_{B,1}.$$

Die Zerlegung des Vektors $\overrightarrow{\beta_0\beta_1}$ nach den Richtungen $\mathfrak{b}_{B,2}$ und $\mathfrak{b}_{BA,2}$ liefert den Beschleunigungspunkt β des Systempunktes B und es ist $\overrightarrow{\pi\beta}$ die gesuchte Beschleunigung $\mathfrak{b}_B$.

Aus den oben angeschriebenen Gleichungen folgt unmittelbar die Richtigkeit des Satzes von R. MEHMKE:

Die Figur der den Systempunkten $ABC\ldots$ zugehörigen Beschleunigungspunkte $\alpha\beta\gamma\ldots$ (Beschleunigungsplan) ist der Systemfigur $ABC\ldots$ ähnlich. Die Beschleunigungen beliebiger Systempunkte können hiernach ermittelt werden, sobald jene zweier Punkte bekannt sind.

Nach F. WITTENBAUER[1] läßt sich bei Benützung der *gedrehten* Geschwindigkeiten die Beschleunigung $\mathfrak{b}_B$ konstruieren, ohne einen abgesonderten Geschwindigkeits- und Beschleunigungsplan entwerfen zu müssen.

Eine sehr anschauliche und einfache Konstruktion für den Beschleunigungszustand des Kurbelviereckes, die nur das Ziehen gerader Linien im Lageplan des bewegten Systems erfordert, stammt von TH. PÖSCHL[2]. Bei ihrer Beschreibung sei der Einfachheit halber der Endpunkt eines Vektors durch den Buchstaben bezeichnet, der den betreffenden Vektor kennzeichnet. Aus der gegebenen Beschleunigung des Gelenkes A (Fig. 6) soll jene des Gelenkes B konstruiert werden.

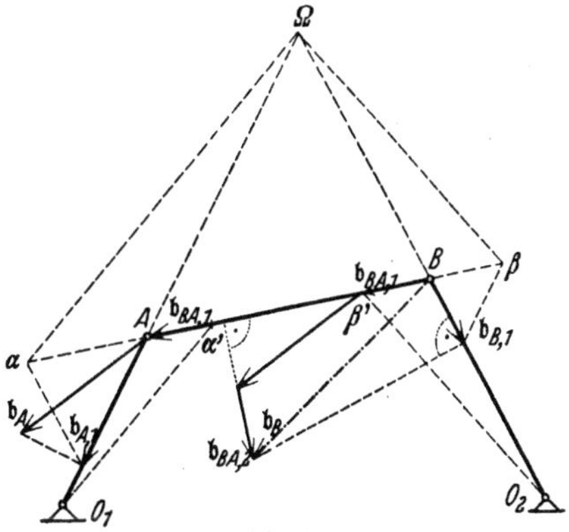

Fig. 6.

Man ziehe: $\mathfrak{b}_{A,1}\alpha \| B\Omega$, $O_1\alpha' \| \alpha\Omega$, dann ist $\overrightarrow{\alpha' A} = \mathfrak{b}_{BA,1}$, und zwar ist der Pfeil von $\mathfrak{b}_{BA,1}$ immer gegen A gerichtet. Macht man $\overrightarrow{B\beta'} = \mathfrak{b}_{BA,1}$, zieht $\Omega\beta \| O_2\beta'$, $\beta\mathfrak{b}_{B,1} \| A\Omega$, so erhält man $\mathfrak{b}_{B,1}$. Setzt man ferner in β' den Vektor $\mathfrak{b}_A$ an, errichtet in dessen Endpunkt eine Normale zur Koppel AB, so liegt in dieser der Endpunkt von $\mathfrak{b}_B$; er muß aber auch in der Normalen zu O_2B durch den Endpunkt von $\mathfrak{b}_{B,1}$ liegen. Dadurch ist daher $\mathfrak{b}_B$ selbst bestimmt.

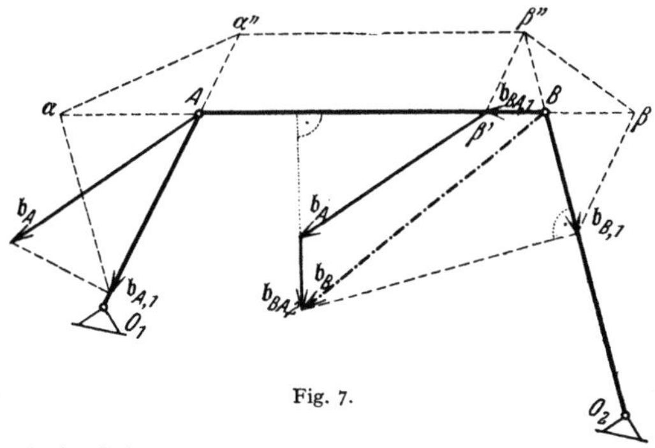

Fig. 7.

Da diese Konstruktion bei nicht erreichbarem Drehpole Ω versagt, hat L. BURMESTER[3] eine andere, ebenfalls lineare Konstruktion angegeben, die den Pol nicht erfordert und bei der auch das Übertragen von $\mathfrak{b}_{BA,1}$ entbehrlich ist. Man zieht (Fig. 7): $\mathfrak{b}_{A,1}\alpha \| O_2B$, $\alpha\alpha'' \| O_1B$, $\alpha''\beta'' \| AB$, $\beta''\beta \| O_2A$, $\beta\mathfrak{b}_{B,1} \| O_1A \| \beta''\mathfrak{b}_{BA,1}$; damit sind die Punkte β' und $\mathfrak{b}_{B,1}$ bekannt und es ergibt sich nun $\mathfrak{b}_B$ wie in der vorhergehend beschriebenen Konstruktion. Aus der Anordnung beider Konstruktionen ist zu ersehen, daß beide unmittelbar *umkehrbar* sind, d. h. aus dem gegebenen Vektor $\mathfrak{b}_B$ den zugehörigen $\mathfrak{b}_A$ liefern.

[1] Graphische Dynamik, S. 88–90.

[2] Z. angew. Math. Mech. Bd. 3 (1923) S. 128–136.

[3] Z. angew. Math. Mech. Bd. 5 (1925) S. 505.

V. FOSCHI[1] benútzt die in (7) angeführten Eigenschaften der reduzierten Beschleunigungen zur Konstruktion des Beschleunigungszustandes der Zweipunktführung (Fig. 8), für welche die reduzierte Beschleunigung $\overrightarrow{A_1\alpha_1}$ des Punktes A_1 bekannt ist. Ihre Normalkomponente ist gleich $\overrightarrow{A_1W_1}$, wo W_1 den auf dem Strahle A_1O liegenden Wendepunkt bedeutet $\left(\overline{A_1W_1} = \frac{\overline{A_1O}^2}{\overline{A_1O_1}}\right)$.

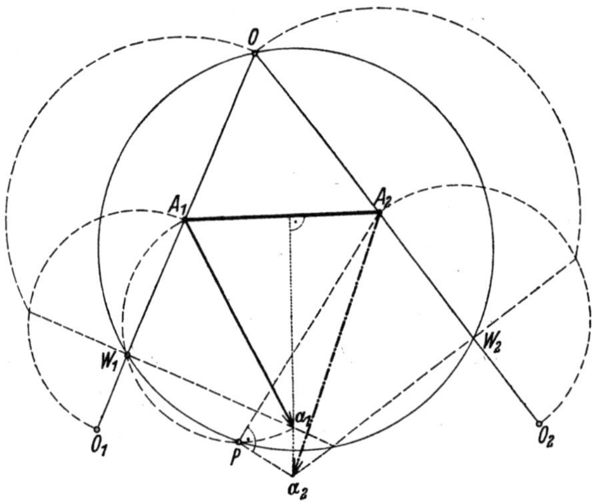

Fig. 8.

Man legt durch die beiden Wendepunkte W_1W_2 und durch den Drehpol O den Wendekreis; sein zweiter Schnittpunkt mit dem über $\overline{A_1\alpha_1}$ als Durchmesser geschlagenen Kreis ist nach dem Satze 1 in (3) der Beschleunigungspol P (der erste Schnittpunkt ist der Wendepunkt W_1). Die Normalen durch P zu PA_2 und durch W_2 zu A_2O schneiden sich (nach Satz 1 und 2) im Beschleunigungspunkte α_2 und es ist $\overrightarrow{A_2\alpha_2}$ die gesuchte reduzierte Beschleunigung des Punktes A_2. Die Beschleunigungen weiterer Systempunkte sind nach dem Ähnlichkeitssatze (3) einfach zu konstruieren.

Die Konstruktion von V. FOSCHI kann übrigens noch erheblich vereinfacht werden; da nach dem Satze 3 in (3) die Gerade $\alpha_1\alpha_2$ senkrecht stehen muß auf A_1A_2, so ist die Zeichnung des Wendekreises und des Kreises über $A_1\alpha_1$ überflüssig, es genügt, die Normale durch W_2 zu A_2O mit der Normalen durch α_1 zu A_1A_2 zum Schnitte zu bringen, wodurch der Beschleunigungspunkt α_2 bestimmt ist.

M. GRÜBLER[2] verwendet bei der zeichnerischen Ermittlung des Be-

[1] Nuovo Cimento, Nuova Serie Bd. 6 (1929) S. 226.
[2] Getriebelehre, S. 137—145. Berlin: Julius Springer 1917.

schleunigungszustandes des Gelenkviereckes und seiner Sonderfälle durchwegs die gedrehten Geschwindigkeiten der Gelenkpunkte.

R. DOERFEL[1] wählt als Bezugsgröße der Bewegung anstatt der Zeit den Antriebweg des Punktes A und konstruiert demnach an Stelle der Geschwindigkeit und Beschleunigung von B die Übersetzung (Verhältnis der gekoppelten Wegelemente von A und B) und deren Ableitung nach der neuen Bezugsgröße.

Die Beziehungen der höheren Beschleunigungen eines bewegten Punktes bzw. der höheren Winkelbeschleunigungen eines ebenen Systemes zu den Evoluten der Punktbahnen und der Wälzpolbahnen sowie die höheren Coriolisbeschleunigungen und höheren SAVARYschen Gleichungen sind von H. BRANDENBERGER[2] untersucht worden.

IV. Die ebene kinematische Kette.

10. Beweglichkeit und Zwanglauf. Mehrkurbelgetriebe. Verzweigungsgetriebe. Die Aneinanderreihung mehrerer ebener (oder räumlicher) Systeme, die in irgendeinem durch Elementenpaare vermittelten Zusammenhange stehen, nennt man eine ebene (oder räumliche) kinematische Kette. Die einzelnen Systeme heißen Glieder der Kette. Ist jedes Glied der Kette mit wenigstens zwei anderen Gliedern verbunden, dann heißt die Kette geschlossen, trifft diese Bedingung nicht zu, dann ist die Kette eine offene. Die Kette ist zwangläufig, wenn die Punkte jedes Gliedes gegen jedes andere Glied nur ganz bestimmte Kurven durchlaufen können.

Zwangläufig geschlossene Ketten, von denen ein Glied (Grundglied oder Gestell) festgehalten wird, heißen Mechanismen. Wird durch ein Glied im Mechanismus die Bewegung der übrigen Glieder hervorgerufen, haben wir ein Getriebe vor uns.

Es ist das Verdienst M. GRÜBLERS, in seinen aus den Jahren 1883[3] und 1885[4] stammenden Arbeiten gezeigt zu haben, daß die Zwangläufigkeit kinematischer Ketten von den Abmessungen der einzelnen Glieder und deren gegenseitigen Lagen völlig unabhängig ist und durch eine *ganzzahlige* Beziehung zwischen der Anzahl der Paarungsstellen und der Glieder (mit Beachtung gewisser Einschränkungen bei Ketten mit geraden Schiebern) gekennzeichnet ist[5]. Damit hat M. GRÜBLER die Entscheidung der Zwangläufigkeit ebener Ketten aus dem Bereiche der Empirie in den Bereich wissenschaftlicher Betrachtung gehoben und wurde zum Begründer der kinematischen Zahlsynthese. F. WITTEN-

[1] Z. Ver. Deutsch. Ing. Bd. 67 (1923) S. 492—494.

[2] Helv. physica Acta Bd. 3. Basel: E. Birkhäuser & Cie 1930.

[3] Civilingenieur Bd. 29 (1883) S. 167—200.

[4] Verh. d. Ver. z. Beförd. d. Gewerbefleißes in Preußen Bd. 64 (1885) S. 179—223.

[5] Die GRÜBLERsche Bedingung für den Zwanglauf der ebenen geschlossenen Drehpaarkette findet fast fünf Jahrzehnte später W. J. WALKER [Phil. Mag. Bd. 6 (7) (1928) S. 631—632] ohne Hinweis auf die grundlegenden Arbeiten GRÜBLERS.

BAUER[1] gelangt vier Jahrzehnte später zu einem neuen Kennzeichen der Zwangläufigkeit einer ebenen kinematischen Kette durch Ermittlung ihres Beweglichkeitsgrades, d. i. der Anzahl der willkürlich wählbaren Bestimmungsstücke für die Bewegung der Gelenke der Kette (Größe und Richtung der Geschwindigkeiten der Gelenkpunkte).

Ist eine kinematische Kette aus Gelenkketten und Schubketten zusammengesetzt und enthält sie außerdem überkreuzende Stäbe, so ergibt sich ihr Beweglichkeitsgrad aus der von F. WITTENBAUER und K. KRISO entwickelten Gleichung:

$$x + k = n - 2\pi - \pi_s + 2\,,$$

die für Zwanglauf, d. h. für $x = 4$, übergeht in

$$n - k = 2\pi + \pi_s + 2\,.$$

n ist die Anzahl der Stäbe und Scheiben; π_s die Anzahl der nur von geraden Schiebern gebildeten Polygone (Gleitvielseite), π die Anzahl

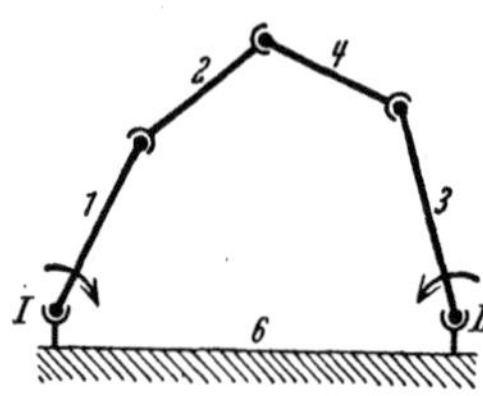

Fig. 9.

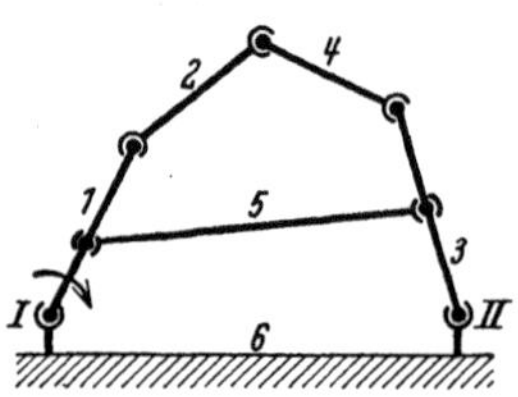

Fig. 10.

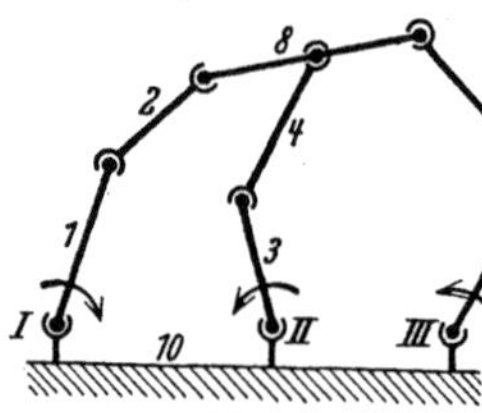

Fig. 11.

der übrigen veränderlichen Polygone, k die Zahl der kreuzenden Stäbe. Vor Feststellung von k und π_s entfernt man alle jene Glieder der Kette, die einer Schubkette angehören und nur zwei Schieber verbinden.

Ein Aufbauschema besonderer Art für ebene kinematische Ketten wurde von W. LYNEN[2] angegeben, der die Kurbelgetriebe nach der Vielfältigkeit der eingeleiteten Bewegungsmöglichkeiten einteilt in Ein-, Zwei-, . . . , n-Kurbelgetriebe.

Die Elemente dieser Mehrkurbelgetriebe sind der Zweischlag und der Dreischlag. So entsteht z. B. das Zweikurbelgetriebe (Fig. 9) im „losen" Aufbau durch Vereinigung der beiden Zweischläge (1 2) und (3 4). Damit Zwangläufigkeit besteht, sind in diese fünfgliedrige Gelenkkette vom Freiheitsgrade 2 zwei voneinander unabhängige Bewegungen einzuleiten. Durch Einfügung einer Fessel (5) entsteht das zwangläufige Zweikurbelgetriebe mit gebundenem Aufbau (Fig. 10).

Das Dreikurbelgetriebe im losen Aufbau (Fig. 11) besteht aus den beiden Zweischlägen (1 2) und (5 6) und dem Dreischlage (3 4 8). Das Kennzeichen des Dreikurbelgetriebes bildet die Schließe 8. Hier sind für Zwangläufigkeit drei voneinander unabhängige Bewegungen einzu-

[1] Graphische Dynamik S. 226—240 (1923).

[2] Vgl. G. MARX: Bewegungslehre der Getriebe. Hütte, 25. Aufl. Bd. 1 (1925) S. 288—309. — PROEGER, F.: Die Getriebekinematik als Rüstzeug der Getriebedynamik, S. 5—9. Berlin: VDI-Verlag 1926.

leiten. Wird nur eine Bewegung eingeleitet, dann sind zur Herstellung der Zwangläufigkeit zwei Fesseln (7) und (9) an die drei Kurbeln gelenkig anzuschließen, es entsteht das Dreikurbelgetriebe mit gebundenem Aufbau (Fig. 12). Die höheren Kurbelgetriebe werden nun dadurch gebildet, daß je ein weiterer Dreischlag vor den letzten Zweischlag eingeschaltet wird.

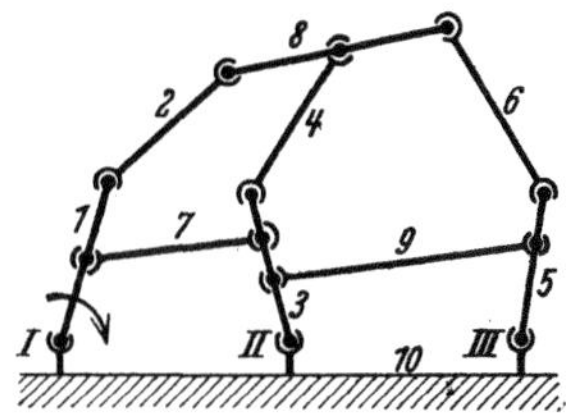

Fig. 12.

Das n-Kurbelgetriebe hat demnach zwei Zweischläge, $n - 2$ Dreischläge und besteht aus n Kurbeln und gleich viel Koppeln, $n - 2$ Schließen, $n - 1$ Fesseln und einem Grundglied, so daß die Anzahl s der Stäbe beim zwangläufigen n-Kurbelgetriebe gleich $4n - 2$, jene der Gelenke $g = 6n - 5$ ist. Damit ist das bekannte GRÜBLERsche Zwanglaufkriterium

$$2g - 3s + 4 = 0$$

erfüllt und es ist ersichtlich, daß die gerade Anzahl von Stäben eine Voraussetzung der Zwangläufigkeit ist.

Weitere Ausbaumöglichkeiten (durch Streckung, Erweiterung, Gliederersatz usw.) sind in den erwähnten Arbeiten angegeben.

Eine bemerkenswerte zahlsynthetische Betrachtung auf Grund der GRÜBLERschen Zwanglaufbedingungen hat K. KUTZBACH[1] für *Verzweigungsgetriebe* (Differential- oder Ausgleichgetriebe) gegeben, das

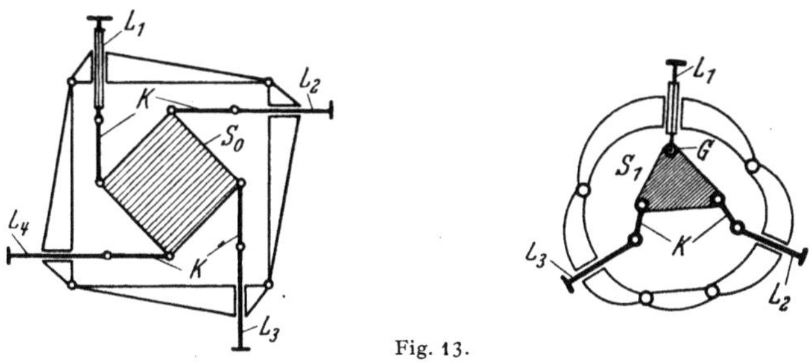

Fig. 13.

sind Getriebe, die eine Verbindung von n gegebenen zwangläufigen kinematischen Ketten (oder Leitungen) derart herstellen, daß die damit neugeschaffene kinematische Kette den Freiheitsgrad $n - 1$ besitzt; die an $n - 1$ Ketten beliebig eingeleiteten Bewegungen werden dann zwangläufig in die n-te Kette abgeleitet. Umgekehrt wird die durch *ein* Getriebe eingeleitete Bewegung in $n - 1$ Bewegungen in den übrigen $n - 1$ Ketten aufgelöst (verzweigt). Der Beweglichkeitsgrad der Verzweigungsgetriebe ist größer als Eins. Solche Getriebe arbeiten mit Ausgleichscheiben, die entweder nur durch Koppel- oder Kurvenverbindungen mit den gegebenen kinematischen Ketten oder anderen Scheiben ver-

[1] Maschinenbau Bd. 8 (1929) S. 710—716.

bunden sind oder bei denen eine Koppel durch ein festes Gelenk ersetzt ist. Diese Koppel- oder Kurvenverbindungen haben beim ebenen (wie auch beim sphärischen) Ausgleichgetriebe zwei Bewegungsfreiheiten. Ist deren Anzahl k_2, ist ferner die Zahl der Scheiben ohne Anlenkung s_0 (Scheibe S_0 in Fig. 13), jene der Scheiben mit Anlenkung s_1 (Scheibe S_1 in Fig. 13), so weist K. KUTZBACH mit Hilfe der GRÜBLERschen Zwanglaufbedingungen nach, daß für die mechanische Leitungsverzweigung unabhängig von der Zahl der verbundenen zwangläufigen kinematischen Ketten (Leitungen $L_1 L_2 \ldots$) die Beziehung gilt:

$$k_2 = 3 s_0 + s_1 + 1 .$$

P. SOMOFF[1] bildet Gelenksysteme durch Verbindung eines Kurbelviereckes mit einem ebenen ähnlich-veränderlichen System P, wobei der Anschluß in zwei seiner Punkte an verschiedene Glieder des Kurbelviereckes erfolgt, oder mit einem ebenen affin-veränderlichen System Q, das in drei nicht in einer Geraden liegenden Punkten angeschlossen wird, die nicht alle demselben Gliede des Kurbelviereckes angehören. Im ersten Falle bestehen *vier*, im zweiten Falle *zehn* wesentlich verschiedene Möglichkeiten des Anschlusses[2].

P. SOMOFF untersucht auch die Bildungsgesetze jener geschlossenen kinematischen Ketten, die aus ähnlich-veränderlichen oder affin-veränderlichen Gliedern gebildet sind und zeigt, daß sich für solche ebene Mechanismen dann *Zwanglauf* einstellt, wenn sie entweder aus vier beweglichen ähnlich-veränderlichen Systemen und einem fünften festgehaltenen Grundgliede oder aus sechs beweglichen affin-veränderlichen Systemen und einem siebenten festen Grundgliede bestehen. Ketten mit geringerer Gliederzahl (zwei oder drei ähnlich-veränderliche, zwei bis fünf affin-veränderliche Glieder) ergeben sich, falls die Nachbarglieder gegenseitig mehr als einen Freiheitsgrad (einen *Überschuß* an Freiheitsgraden) besitzen; durch verschiedene Verteilung der Freiheitsgrade ergibt sich eine große Mannigfaltigkeit von solchen zwangläufigen Ketten. Schließlich sei auf eine ausführliche Untersuchung von L. ASSUR[3] über die Bildung und Struktur der ebenen Mechanismen mit niederen Elementenpaaren verwiesen.

11. Übergeschlossene Gelenkketten. Enthält eine ebene Drehpaarkette mehr Glieder (n) und Elementenpaare (g), als zur Erzielung der

[1] Z. Math. Phys. Bd. 49 (1903) S. 25—61.

[2] Die von den Punkten der Systeme P und Q beschriebenen Bahnen besitzen alle Eigenschaften der Koppelkurven (15, S. 39), stellen aber deren Verallgemeinerung dar, da ihre Gleichungen bei gegebenem Kurbelvierecke nicht von zwei, sondern von sechs bzw. acht Parametern abhängen. Eine *geradlinige* Bahn ist ebenso wie beim einfachen Kurbelviereck unmöglich; wohl aber ist bei entsprechender Wahl der sechs oder acht Parameter die Aussonderung eines *kreislinigen* Zweiges bei jeder Form des Kurbelviereckes möglich.

[3] Ann. Inst. Polyt. St. Petersburg (russ.) Bd. 20 (1913), S. 329—386, 581—635; Bd. 21 (1914) S. 187—283.

zwangläufigen Bewegung nötig ist, d. h. ist $2g - 3n + 4 > 0$, so ist die Kette im allgemeinen unbeweglich. Wenn jedoch die Funktionaldeterminante der Bedingungsgleichungen für die Starrheit der Glieder identisch verschwindet, was bei Erfüllung gewisser Bedingungsgleichungen für die Abmessungen der Glieder zutrifft, so ist eine solche sog. übergeschlossene Gelenkkette zwangläufig. Wegen der Schwierigkeiten der Aufstellung der Bedingungsgleichungen kommt indes dieses Kriterium zur Berechnung von übergeschlossenen Ketten nicht in Betracht. Man geht hierbei zweckmäßiger nicht vom unbeweglichen Fachwerke, sondern unmittelbar von der *zwangläufigen* Kette aus und untersucht sie daraufhin, ob in den Ebenen der Glieder Punkte bestehen von der Beschaffenheit, daß die Entfernung je zweier solcher auf verschiedenen Gliedern gelegenen Punkte während der Bewegung konstant bleibt. Solche Punkte können durch ein Glied verbunden werden und liefern eine übergeschlossene Kette.

Ihre systematische Untersuchung geht zurück auf G. DARBOUX[1], der seine Betrachtungen wesentlich auf die Theorie der Kurven dritter Ordnung stützt. Anknüpfend daran behandelt M. KRAUSE[2] dasselbe Problem auf rein analytischem Wege, wobei die (auch bei DARBOUX vorkommende) Parameterdarstellung der Winkel eines ebenen Gelenkviereckes mit Hilfe der elliptischen Funktionen die Grundlage der Lösung bildet, die für einen besonderen übergeschlossenen Mechanismus vollständig gegeben wird, dem sich auch der BURMESTERsche Brennpunktsmechanismus[3] einfügt.

K. BLEICHER[4] erledigt mit der gleichen Methode die noch fehlenden Fälle und beweist mit Hilfe der Theorie des allgemeinen Gelenksystems vom Typus A (Fig. 14), daß aus letzterem nur spezielle Mechanismen vom Typus A_4 (Fig. 15) gewonnen werden können, bei dem die Anschlußpunkte des inneren und äußeren Gelenkviereckes auf deren Seiten liegen. Wenn hierbei das innere Gelenkviereck in einen Punkt zusammenschrumpft, dann ist eine gesonderte, von M. KRAUSE und K. BLEICHER durchgeführte Untersuchung notwendig. Diese analytische Methode führt auch zu den von O. BOLDUAN[5] aus dem WATTschen Mechanismus auf Grund eines einfachen Verfahrens abgeleiteten übergeschlossenen

[1] Bull. Sci. math. Bd. 3 (2) (1879) S. 151—192. — Vgl. auch A. B. KEMPE: Proc. London Math. Soc. Bd. 9 (1878) S. 133—147. — FONTENÉ, G.: Nouv. Ann. de Math. Bd. 3 (4) (1903) S. 529—549; Bd. 4 (4) (1904) S. 8—29.

[2] Sächs. S.-B. Leipzig Bd. 56 (1904) S. 273; Bd. 59 (1907) S. 313—332; Bd. 60 (1908) S. 132—144.

[3] Z. Math. Phys. Bd. 38 (1893) S. 193. — FONTENÉ, G.: Nouv. Ann. de Math. Bd. 7 (4) (1907) S. 19—22.

[4] Zur Theorie der übergeschlossenen Gelenksysteme. Inaug.-Diss. Rostock 1910. 75 S. mit 37 Abb.

[5] Zur Theorie der übergeschlossenen Gelenkmechanismen. Inaug.-Diss. Halle 1908. 79 S. mit 36 Abb.

Mechanismen, und es läßt sich mit der gleichen Methode die von A. EMCH[1] mittels elliptischer Funktionen gegebene Theorie des Inversors von PEAUCELLIER entwickeln.

Typisch ist für die in diesen Arbeiten behandelten übergeschlossenen Gelenkketten, daß sich die trigonometrischen Funktionen aller Winkel rational durch elliptische Funktionen eines Parameters ausdrücken

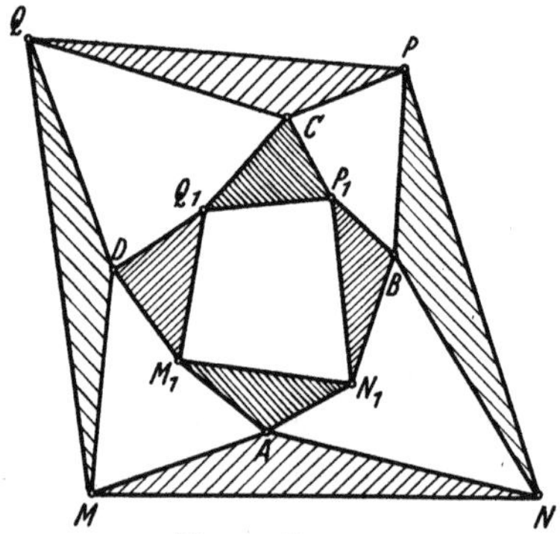

Fig. 14. Typus A.

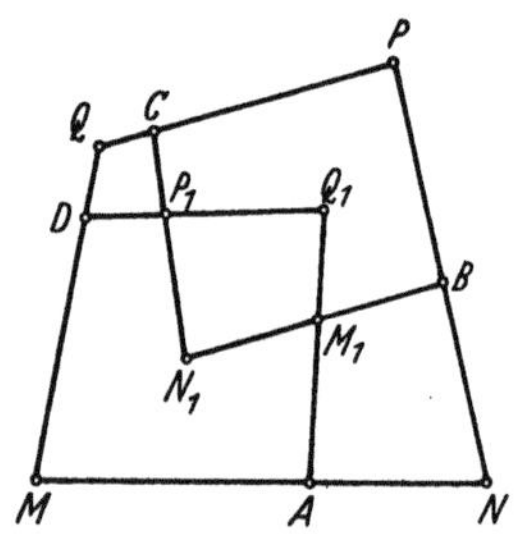

Fig. 15. Typus A_4.

lassen. Die Übertragung solcher Betrachtungen auf ein räumliches System, dessen Projektion ein Brennpunktsmechanismus ist, verdankt man G. FONTENÉ[2].

G. T. BENNETT[3] bildet zweimal-viergliedrige übergeschlossene Gelenkketten (double-four mechanism), bei denen jedes als Dreieck gewählte Glied der einen Gliedergruppe (1, 2, 3, 4) in den drei Ecken an die drei nicht entsprechenden Glieder der zweiten Gruppe (1′, 2′, 3′, 4′) angeschlossen wird. Von diesem Mechanismus, der drei Paare von Gelenkvierecken enthält, wird nun der schon von DARBOUX angegebene besondere Fall eingehend untersucht, bei welchem die Vierecke Gegenparallelogramme (sog. Isogramme) sind; solche Mechanismen lassen sich ableiten aus einem Symmetrogramm, bestehend aus zwei Gruppen von je vier zueinander symmetrisch liegenden Punkten, von denen jeder

[1] Kinematische Gelenksysteme und die durch sie erzeugten Transformationen. Progr. Kantonsschule Solothurn (1906/07).

[2] Nouv. Ann. de Math. Bd. 4 (4) (1904) S. 105—108.

[3] Proc. Cambridge Philos. Soc. Bd. 42 (1913) S. 391—401. Werden die Strecken von einem Punkt D dieses Symmetrogrammes zu den anderen sechs Punkten $ABCA'B'C'$ als komplexe Größen dargestellt, sodann deren zwölf Produkte gebildet, wobei die Produkte $DA \cdot DA'$, $DB \cdot DB'$, $DC \cdot DC'$ ausbleiben, so bestimmen die so erhaltenen gerichteten Strecken eine Figur vom Typus der vorerwähnten Kette. Durch spezielle Wahl der Form des Symmetrogrammes werden interessante Sonderfälle gewonnen; liegen z. B. die vier Punkte A, B, C, D auf einem Kreise, dann liegen auf diesem auch die entsprechenden Punkte A', B', C', D' und die Achsen der drei Paare von Isogrammen schneiden sich in einem Punkte. Die acht Glieder der Kette sind dann gerade Stäbe. Vgl. G. T. BENNETT: London Math. Soc. Bd. 10 (2) (1911) S. 333.

mit allen übrigen (ausgenommen seinen symmetrisch gelegenen Punkt) verbunden wird.

12. Geschwindigkeitszustand. Von den Annahmen für den augenblicklichen Bewegungszustand, deren Zahl mit dem Beweglichkeitsgrad x übereinstimmt, muß mindestens eine auf die Größe einer Geschwindigkeit entfallen. Der Geschwindigkeitszustand der ebenen zwangläufigen kinematischen Kette wurde bereits von L. BURMESTER[1] eingehend erörtert und zwar mit Benutzung der absoluten und relativen Drehpole der Kettenglieder und der gedrehten Geschwindigkeiten, wobei der Satz von den relativen Drehpolen dreier gegeneinander bewegten Systeme, die in einer Geraden liegen müssen, angewendet wird.

O. MOHR[2] untersucht den Geschwindigkeitszustand mit Hilfe seiner Geschwindigkeitspläne, wobei er in komplizierteren Fällen die Bewegung in zwei einfachere Bewegungen zerlegt, durch deren Übereinanderlagerung schließlich die wirkliche Bewegung durch Rechnung ermittelt wird. Sind in einer freien zwangläufigen kinematischen Kette die Geschwindigkeiten zweier Punkte bekannt, die verschiedenen Gliedern angehören, so kann die Geschwindigkeit jedes anderen Punktes der Kette bestimmt werden. Unmittelbar, d. h. ohne Verwendung ähnlicher Punktreihen, kann der Geschwindigkeitsplan nur dann gezeichnet werden, wenn man von jedem Gelenk zu jedem anderen gelangen kann, ohne mehr als ein drittes Gelenk zu überschreiten.

Wird ein Punkt des Geschwindigkeitsplanes einer zwangläufigen Kette festgehalten und beschreibt ein anderer Geschwindigkeitspunkt eine gerade Punktreihe, so beschreiben alle anderen Punkte des Planes ähnliche Punktreihen. Die zu den Punkten einer starren Scheibe gehörigen Punktreihen schneiden sich dabei in einem Punkte.

F. WITTENBAUER[3] benutzt diese von ihm angegebenen Eigenschaften der Geschwindigkeitspläne zur Entwicklung eines rein zeichnerischen Verfahrens, das auch in komplizierteren Fällen zum Ziele führt und das Ähnlichkeit mit der von C. SAVIOTTI[4] gefundenen Ermittlung der Spannungen in Fachwerken nach der Methode „de la fausse position" besitzt. Auch bei den Mehrkurbelgetrieben ist die Ermittlung des Geschwindigkeitszustandes am bequemsten durch Entwerfen von Geschwindigkeitsplänen zu bewirken, wobei die Ähnlichkeit der Reihen der Geschwindigkeitspunkte zu verwerten ist[5].

[1] Lehrbuch der Kinematik. Bd. 1. Leipzig: A. Felix 1888.

[2] Civilingenieur Bd. 33 (1887) S. 631—650 — Z. Math. Phys. Bd. 49 (1903) S. 393—449.

[3] Graphische Dynamik, S. 262—292.

[4] SAVIOTTI, C.: La statica grafica. Milano 1888. 3 Bde. — CREMONA-SAVIOTTI: Les figures réciproques, S. 65. Paris 1885.

[5] Vgl. F. PROEGER: Mitt. über Forsch.-Arb., herausgeg. vom VDI, H. 285 (1926). — FEDERHOFER, K.: Ing.-Arch. Bd. 1 (1930) S. 600.

13. Beschleunigungszustand. Da der Beschleunigungszustand einer ebenen kinematischen Kette die Kenntnis des Bewegungszustandes in *zwei* aufeinanderfolgenden Zeitteilchen voraussetzt, so bedarf es nach F. WITTENBAUER[1] zu seiner Ermittlung der Kenntnis von $y = 2x$ Bestimmungsstücken, wenn x den Beweglichkeitsgrad bedeutet.

Doch darf bei Annahme der Beschleunigungen zweier Punkte, die einem starren Gliede angehören, nicht willkürlich vorgegangen werden (vgl. 21).

Da ein ebenes Getriebe den Beweglichkeitsgrad $x = 1$ besitzt, so ist für dieses $y = 2$. Hier kann daher bei Festlegung des Beschleunigungszustandes entweder die Beschleunigung eines Punktes nach Größe und Richtung angenommen werden oder die Größe der Geschwindigkeit eines Punktes und die Richtung *oder* Größe der Beschleunigung eines anderen (oder desselben) Punktes.

Der Beschleunigungszustand von ebenen kinematischen Ketten wird am zweckmäßigsten durch MOHRsche Beschleunigungspläne dargestellt, die sich in der graphischen Kinetostatik als sehr brauchbares Hilfsmittel erweisen, da aus ihnen Richtung und Drehsinn der relativen und absoluten Beschleunigungen stets in einfachster Weise zu entnehmen sind. O. MOHR verläßt übrigens bei verwickelteren Ketten die rein graphische und direkte Methode, denn er zerlegt in solchen schwierigeren Fällen die Bewegung in mehrere gleichzeitige Teilbewegungen, von denen eine oder zwei Anfangsbewegungen sind; die Geschwindigkeiten und Beschleunigungen dieser Teilbewegungen werden dann so gewählt, daß durch deren Übereinanderlagerung die gegebenen Bedingungen der Kette erfüllt werden.

Dieser Methode haftet der Nachteil an, daß die Teilbewegungen für verschiedene Ketten anders gewählt werden müssen; F. WITTENBAUER gelangt[2] zu einer einheitlichen Konstruktion der Beschleunigungspläne durch Benutzung der Eigenschaft der Ähnlichkeit der Beschleunigungspunktreihen, denn es gilt der Satz:

Wird ein Punkt des Beschleunigungsplanes einer zwangläufigen kinematischen Kette festgehalten und bewegt sich ein anderer auf einer beliebigen Geraden, so beschreiben sämtliche Beschleunigungspunkte ähnliche Punktreihen.

Auch bei kinematischen Ketten mit geraden und gekrümmten Schiebern und bei Ketten mit Kurvenführungen erweist sich die Konstruktion von Beschleunigungsplänen zweckmäßig; dabei kommt der Satz von G. CORIOLIS über die Beschleunigungen bei der relativen Bewegung eines Punktes in bezug auf ein rotierendes starres System zur Anwendung[3].

[1] Graphische Dynamik, S. 293. [2] Graphische Dynamik, S. 293–370.
[3] Vgl. (2).

Zu einer bemerkenswerten Vereinfachung beim Entwurfe der Beschleunigungspläne von zwangläufigen Getrieben gelangt TH. PÖSCHL[1] durch zeichnerische Ausnutzung der Tatsache, daß bei einem zwangläufigen Getriebe die Verhältnisse der Winkelgeschwindigkeiten der einzelnen Glieder durch die Konfiguration des Getriebes gegeben sind; da nun alle vorkommenden relativen Normalbeschleunigungen nur von den Verhältnissen der Winkelgeschwindigkeiten der Getriebeglieder abhängen, so lassen sie sich mit Benutzung der Lagen der Drehpole unmittelbar durch Ziehen von Parallelen aus der gegebenen Normalbeschleunigung eines Getriebepunktes konstruieren. Dabei wird noch der Vorteil erzielt, daß die Maßstäbe für Längen, Geschwindigkeit und Beschleunigung nicht miteinander verknüpft werden und so gewählt werden können, wie es bei gegebenen Größenverhältnissen am passendsten ist. (Vgl. den in Fig. 6 behandelten einfachsten Fall des Kurbelviereckes, der als Grundtype bei diesen Konstruktionen verwendet wird.) Die Vorteile seines Verfahrens zeigt TH. PÖSCHL an einer Reihe von praktisch wichtigen Getrieben, für welche sich Ersatzkurbelvierecke (bzw. deren Sonderarten) angeben lassen, die mit dem gegebenen Getriebe in zwei aufeinanderfolgenden Zeitelementen übereinstimmen; die einfache Wälzhebelsteuerung läßt sich im Schema als Verbindung eines Kurbelviereckes und einer geschränkten Schubkurbel darstellen.

L. BURMESTER[2] baut seine Konstruktionen für die Beschleunigungen bei zusammengesetzten Mechanismen auf der konstruktiven Bestimmung der Beschleunigungen von drei Grundtypen auf: dem ebenen System, zwei drehpaarig (bzw. richtpaarig) verbundenen ebenen Systemen, dem dreifach geführten ebenen System (nur drehpaarig oder auch dreh- und richtpaarig mit den drei führenden Systemen verbunden).

M. GRÜBLER[3] konstruiert den Beschleunigungszustand zwangläufiger kinematischer Ketten unter Hinzunahme gewisser Hilfskonstruktionen bei durchgängiger Verwendung der gedrehten Geschwindigkeiten. Die Geschwindigkeits- und Beschleunigungsverhältnisse der bekanntesten Getriebe für Umsteuerungen, wie sie bei Lokomotiven und Walzenzugmaschinen in Gebrauch stehen, untersucht zeichnerisch W. JUNG[4]. Kinematische Ketten mit Kurvenführungen wurden in zahlreichen Arbeiten hinsichtlich ihres Beschleunigungszustandes zeichnerisch behandelt; es sei auf die Literaturangabe bei F. WITTENBAUER[5] verwiesen.

---

[1] Z. angew. Math. Mech. Bd. 3 (1923) S. 128—136; Bd. 4 (1924) S. 241—242. Vgl. auch dessen Lehrbuch der Technischen Mechanik, 2. Aufl., S. 180ff. Berlin: Julius Springer.

[2] S.-B. Akad. Wiss. München 1911, S. 463—488.

[3] Getriebelehre, S. 145—154. Berlin: Julius Springer 1917.

[4] Z. angew. Math. Mech. Bd. 1 (1921) S. 455—463. Bemerkung hierzu von H. ALT und Erwiderung von W. JUNG: ebenda Bd. 2 (1922) S. 479—480.

[5] Graphische Dynamik, S. 365.

Der Beschleunigungszustand des n-Kurbelgetriebes in losem Aufbau[1]. Bezeichnen $\varepsilon_I\, \varepsilon_{II} \ldots \varepsilon_n$ die Winkelbeschleunigungen, $\omega_I\, \omega_{II} \ldots \omega_n$ die Winkelgeschwindigkeiten der n Kurbeln, so ist die Beschleunigung eines beliebigen Punktes D der durch Einleitung von n gegebenen Bewegungen in die n Kurbeln zwangläufig gemachten kinematischen Kette dargestellt durch den Ausdruck:

$$\mathfrak{b}_D = \mathfrak{b}_{D0} + \lambda_I \mathfrak{d}_I + \lambda_{II} \mathfrak{d}_{II} + \cdots + \lambda_n \mathfrak{d}_n\,, \tag{1}$$

worin

$$\lambda_I = \frac{\varepsilon_I}{\omega_I}, \qquad \lambda_{II} = \frac{\varepsilon_{II}}{\omega_{II}}, \qquad \ldots, \qquad \lambda_n = \frac{\varepsilon_n}{\omega_n}.$$

Der Vektor $\mathfrak{b}_{D0}$ bedeutet die Beschleunigung des Punktes D, wenn die den Beschleunigungszustand kennzeichnenden n Parameter λ verschwinden; es ist demnach $\mathfrak{b}_{D0}$ die dem „Falle reiner Normalbeschleunigung" der Kurbeln entsprechende Beschleunigung des Punktes D.

Die Vektoren $\mathfrak{d}_I\, \mathfrak{d}_{II} \ldots \mathfrak{d}_n$ bedeuten Geschwindigkeiten, da die Skalare λ die Dimension einer Winkelgeschwindigkeit haben. Ersichtlich ist λ_I jene Beschleunigung von D, die sich mit der Annahme $\lambda_I =$ „1", $\lambda_{II} = 0, \ldots, \lambda_n = 0$, $\mathfrak{b}_{D0} = 0$ (Fall I) ergibt, und es bedeutet $\mathfrak{d}_I$ jenen Geschwindigkeitsvektor, der dem Punkte D zukommt, wenn im n-Kurbelgetriebe alle Kurbeln mit Ausnahme der Kurbel I ruhen, während letztere mit ω_I gedreht wird. Da dann das n-Kurbelgetriebe zwangläufig ist, so läßt sich der Vektor $\mathfrak{d}_I$ aus einem Geschwindigkeitsplane für dieses vereinfachte Getriebe ermitteln. Man erkennt, daß die Vektoren $\mathfrak{d}_I, \mathfrak{d}_{II}, \ldots, \mathfrak{d}_n$ durch die den Sonderfällen $I, II, \ldots, n$ entsprechenden Geschwindigkeitspläne vollständig bestimmt sind[2]. Der endgültige Beschleunigungszustand ist mithin das Ergebnis der Überlagerung der Fälle I bis n und des Falles reiner Normalbeschleunigung der n-Kurbeln. Die graphische Darstellung der Beschleunigungen der einzelnen Punkte des Getriebes bei gegebenen Winkelbeschleunigungen (und damit auch bekannten Parametern λ) erfordert daher nur die Konstruktion der zu den Fällen I bis n gehörigen Geschwindigkeitspläne und die Konstruktion von $\mathfrak{b}_{D0}$, worauf $\mathfrak{b}_D$ durch geometrische Summenbildung nach Gleichung (1) bestimmt ist. Durch Einbau von $n - 1$ Fesseln zwischen den n Kurbeln entsteht das n-Kurbelgetriebe im gebundenen Aufbau, das bereits durch seine *Gliederung* zwangläufig ist. Es kann also nur Bewegung in *eine* Kurbel eingeleitet werden und es verschwinden in Gleichung (1) alle Parameter mit Ausnahme eines einzigen. Da dann der Vektor $\mathfrak{d}$ mit dem Vektor $\mathfrak{v}_D$ der Geschwindigkeit des Punktes D übereinstimmt, so folgt für dessen Beschleunigung

$$\mathfrak{b}_D = \mathfrak{b}_{D0} + \lambda \mathfrak{v}_D\,,$$

[1] FEDERHOFER, K.: Ing.-Arch. Bd. 1 (1930) S. 600—610.

[2] Einen anderen Beweis für den Spezialfall des Zweikurbelgetriebes gibt K. FEDERHOFER in den S.-B. Akad. Wiss. Wien, Abt. IIa, Bd. 139 (1930) S. 30—33.

eine Gleichung, welche für die zwangläufige kinematische Kette die Ähnlichkeit der Beschleunigungspunktreihen bei bestimmtem Geschwindigkeitszustande ausdrückt; die Träger dieser Punktreihen sind den Bahntangenten der Systempunkte parallel.

14. Die Bewegung des Schwerpunktes einer kinematischen Kette. Diese ist für manche Untersuchungen in der Getriebelehre und in der Mechanik der lebenden Körper von Bedeutung; ihre Darstellung wird nach den Untersuchungen O. FISCHERS[1] besonders anschaulich durch Einführung der sog. *Hauptpunkte* der Glieder einer Kette, die es wegen ihrer *festen* Lage in den Gliedern ermöglichen, den Schwerpunkt S der Kette durch Gelenkparallelogramme mit den bewegten Gliedern der Kette zu verbinden. Die so entstehende abgeleitete, aus gewichtlosen Stäben bestehende Kette (Schwerpunktkette) enthält den Schwerpunkt S als Knoten, sie macht die Bewegung der gegebenen Kette mit und es kann daher durch diesen Mechanismus die Bewegung des Schwerpunktes beschrieben (aufgezeichnet) werden.

Besteht die Kette aus r Gliedern, so sind zur Herstellung der Schwerpunktkette $\frac{r(r-1)}{2}$ Gelenkparallelogramme nötig.

Auf Grund der Eigenschaften der Schwerpunktkette und der Bewegungspläne von gelenkigen Parallelogrammen beweist F. WITTENBAUER[2] folgenden, die Konstruktion der Geschwindigkeit und Beschleunigung des Schwerpunktes S ermöglichenden Satz:

Sind $A, B, C, \ldots$ die Gelenke einer kinematischen Kette, $a, b, c, \ldots$ ihr Geschwindigkeitsplan, $\alpha, \beta, \gamma, \ldots$ ihr Beschleunigungsplan, m_A, m_B, $m_C, \ldots$ die statischen Ersatzmassen, so ist der Geschwindigkeitspunkt s des Schwerpunktes S der Kette der Schwerpunkt der Punkte $a, b, c, \ldots$ und der Beschleunigungspunkt σ von S der Schwerpunkt der Punkte $\alpha, \beta, \gamma, \ldots$, wenn in diesen Punkten die Massen $m_A, m_B, m_C, \ldots$ angebracht werden.

P. SOMOFF[3] geht bei der Darstellung der Bewegung des Schwerpunktes eines Gelenkviereckes davon aus, daß der Schwerpunkt zweier aufeinanderfolgender Glieder die Entfernung ihrer Schwerpunkte stets in einem konstanten Verhältnisse teilt, woraus folgt, daß der Schwerpunkt S dreier gelenkig verbundener Glieder demjenigen affin-veränderlichen System Q angehört, welches die Schwerpunkte $S_1\, S_2\, S_3$ der drei verbundenen Glieder zu seinen Grundpunkten hat; die Anwendung dieser Bemerkung auf ein Kurbelviereck mit einem festgehaltenen Gliede

[1] Z. Math. Phys. Bd. 47 (1902) S. 429—466. Vgl. auch O. FISCHER: Theoretische Grundlagen für eine Mechanik der lebenden Körper. Leipzig 1906. Ferner F. WITTENBAUER: Graphische Dynamik, Abschnitt XXI, und A. NERRETER: Graphodynamische Untersuchung einer vierzylindrigen Fahrzeugmaschine. Diss. Techn. Hochsch. München 1912.

[2] Siehe obige Fußnote 1.

[3] Z. Math. Phys. Bd. 49 (1903) S. 48.

ergibt die Möglichkeit, die Bewegung des Schwerpunktes S durch eine masselose Verbindung dieses Systems Q mit dem Kurbelviereck darzustellen[1].

V. Kinematische Synthese.

15. Lagenzuordnungen einer komplan bewegten Ebene. Die kinematische Synthese verfolgt das Ziel, Bewegungen zu ermitteln, die vorgegebene Bedingungen erfüllen, und Mechanismen zur Verwirklichung solcher Bewegungen zu suchen. Die Methoden der kinematischen Synthese haben daher besondere Bedeutung für die Getriebesynthese des Maschineningenieurs, der die Aufgabe zukommt, kinematische Ketten zu ermitteln, welche die Einhaltung bestimmter gegenseitiger Lagen einzelner Glieder der Kette sowie die Erreichung bestimmter Bahnen, Geschwindigkeiten oder Beschleunigungen einzelner Punkte der Kette ermöglichen. Zur Durcharbeitung der bereits von F. REULEAUX mit voller Klarheit formulierten Aufgabe der Getriebesynthese hat REULEAUX[2] selbst Hervorragendes beigetragen, indem er in seiner Lehre von den Getriebetypen (Grundformen) einen Teil der kinematischen Synthese, und zwar die *Typensynthese*, schuf, die durch HUNDHAUSEN[3] und seine Schüler Weiterentwicklung in systematischer Hinsicht erfuhr und in neuester Zeit mit einer Arbeit von R. FRANKE[4] auch das Gebiet der Elektrotechnik berücksichtigte, wobei die vielseitigen Beziehungen zwischen der REULEAUXschen Getriebelehre und den elektrischen Vorgängen und Schaltungen aufgezeigt wurden.

Mit der Bestimmung der Anzahl der erforderlichen Getriebeglieder befaßt sich die *Zahlsynthese*, deren Grundlage die GRÜBLERschen Zwanglaufbedingungen[5] sind, während die Ermittlung der Abmessungen der Getriebeglieder in den Aufgabenkreis der *Maßsynthese* (Bezeichnung nach H. ALT) fällt.

Die dem letzten Viertel des vergangenen Jahrhunderts angehörenden Arbeiten über die kinematische Synthese behandeln vorwiegend die Er-

[1] Als System Q kann ein sechsgliedriges System gebraucht werden, das aus zwei gewöhnlichen Pantographen besteht. Nach einem von E. STÜBLER [Z. Math. Phys. Bd. 54 (1907) S. 325] bewiesenen Satze über den Schwerpunkt des dreigliedrigen Gelenksystems (gültig auch für das räumliche System) kann die Bewegung des Schwerpunktes auch durch einen einzigen, am dreigliedrigen System angebrachten Pantographen bestimmt werden.

[2] Vgl. C. WEIHE: F. Reuleaux und seine Kinematik. Berlin: Julius Springer 1925.

[3] Maschinenkonstrukteur Bd. 61 (1928) S. 114—115 — Elektrotechn. Z. 1902 H. 51, 52.

[4] Eine vergleichende Schalt- und Getriebelehre. Neue Wege der Kinematik. Vortrag, gehalten auf der Wiss. Tagung zur Feier des 100. Geburtstages von FRANZ REULEAUX. München und Berlin: R. Oldenbourg 1930.

[5] Getriebelehre, S. 13—30. — Das Kriterium der Zwangläufigkeit der Schraubenketten, S. 124—133. Festschrift, O. MOHR zum 80. Geburtstag. Berlin: W. Ernst & Sohn 1916.

zeugung bestimmter Kurven durch Mechanismen, insbesondere die genauen und angenäherten Geradführungen[1]; A. B. KEMPE[2] bewies, daß jede algebraische Kurve durch eine Gelenkkette erzeugt werden kann, er zeigte auch die Ausmittlung der entsprechenden Ketten. Hierher gehören auch die für die neuere Entwicklung der Synthese grundlegend gewordenen Untersuchungen L. BURMESTERS[3] über die Beziehungen zwischen mehreren Lagen einer komplan bewegten Ebene, deren Ziel die Erzeugung angenäherter Geradführungen mit Hilfe des Gelenkviereckes war.

Nach einem fast zwei Jahrzehnte währenden Stillstande erhielt dieses Forschungsgebiet neue Belebung durch M. GRÜBLER[4], der eine Reihe neuer Fragen stellte und geometrische Lösungen hierfür gab; dabei handelt es sich vorwiegend um Betrachtungen über die Zuordnung zweier oder dreier Lagen von zwei Gliedern einer Kette, die durch ein drittes starres Glied in zwei Punkten gelenkig verbunden werden. Um die Anpassung der durch die technischen Anwendungen gegebenen Fragestellungen an eine besondere Methodik hat sich A. ALT[5] sehr verdient gemacht.

Soll z. B. eine Ebene als Koppelebene eines Gelenkviereckes derart bewegt werden, daß sie eine Anzahl vorgeschriebener Lagen durchläuft, so folgt zunächst aus den Sätzen L. BURMESTERS, daß sich nicht mehr als fünf Lagen der bewegten Ebene vorgeben lassen, für welche es vier Gruppen von je fünf entsprechenden Punkten in diesen Lagen gibt, die auf je einem Kreise liegen; von den vier Mittelpunkten dieser Kreise (BURMESTERsche Punkte[6]) sind entweder vier reell, zwei reell und zwei

[1] SCHOENFLIES. A.: Kinematik. Encykl. Math. Wiss. Bd. 4, S. 253—256, 223—226 (Literaturzusammenstellung). — LIGUINE, M. V.: Liste de travaux sur les systèmes articulées [Bull. Sci. math. Bd. 7 (2) (1883) S. 145—160] enthält die Titel von 150 Arbeiten bis 1882. — Roy. Soc. Cat. Scient. Papers, 1800—1900, Subjekt Index, Bd. 2, Mechanics, S. 84—86. — LEAVENS, D. H.: Amer. Math. Monthly Bd. 22 (1915) S. 330—334.

[2] Proc. London Math. Soc. Bd. 7 (1876) S. 212—216. — Einfacher Beweis für den Satz von KEMPE von H. MOHRMANN: Z. math. nat. Unterr. Bd. 48 (1917) S. 242—249.

[3] Lehrbuch der Kinematik (1888) S. 599—663. — Eine vereinfachte Ableitung der Sätze BURMESTERS gab TH. PÖSCHL auf der Tagung für Getriebetechnik in Karlsruhe 1931; vgl. seine Einführung in die ebene Getriebelehre, Abschn. IX. Berlin: Julius Springer 1932. Die Ableitung fußt auf dem bekannten HAMILTONschen Satze über die Zusammensetzung endlicher Bewegungen um diskrete Punkte der Ebene.

[4] Getriebelehre, S. 102—116.

[5] Proc. first Int. Congress f. appl. Mechanics, S. 177—187. Delft 1924 — Maschinenbau Bd. 3 (1924) S. 357; Bd. 7 (1928) S. 1042—1049 (Bericht über die Tagung für Getriebelehre in Dresden 1928); Bd. 9 (1930) S. 202 — Werkstatt-Technik 1929 S. 693. — Z. Ver. Deutsch. Ing. Bd. 74 (1930) S. 139, 1457—1460 (Bericht über die Tagung für Getriebetechnik Dresden 1930).

[6] Die vier Punkte von BURMESTER liegen auf einer Strophoide S, die Krümmungsmittelpunkte der Bahnkurven dieser vier Punkte liegen auf einer anderen Strophoide Σ. A. P. KOTELINIKOV [Rec. math. Soc. math. Moscou Bd. 34 (1927)

imaginär oder vier imaginär. Im ersten Falle ergeben sich entsprechend der möglichen Zahl der Kombinationen sechs verschiedene Gelenkvierecke, im zweiten nur eines, im letzten ist eine Lösung bei den gegebenen Lagenbeziehungen unmöglich.

Sind nur vier Lagen der bewegten Koppelebene gegeben, so werden vier entsprechende Systempunkte der Koppel im allgemeinen nicht auf einem Kreise liegen, aber für die Punkte, die auf der Kreispunktkurve dritten Grades liegen, ist dies der Fall; die zugehörigen Mittelpunkte liegen auf der Mittelpunktkurve, einer Kurve dritten Grades, die sich mit Hilfe der bei vier Lagen vorhandenen sechs Drehpole durch ein Kreisbüschel und ein Strahlenbüschel punktweise aufzeichnen läßt[1]. Durch beliebige Wahl der beiden Kurbeldrehpunkte auf dieser Kurve sind dann die entsprechenden Lagen der beiden Koppelgelenke bestimmt.

Bei drei Lagen der bewegten Koppelebene läßt sich durch drei entsprechende Punkte stets ein Kreis legen, so daß es ebensoviel Kurbelvierecke durch drei Lagen gibt wie Punktpaare in der Ebene, also ∞^4. Bei drei Lagen ergeben sich drei relative Drehpole und es ist der Mittelpunkt des Kreises, der durch drei entsprechende Lagen eines beliebigen Systempunktes gelegt wird, eindeutig bestimmt; man kann daher nach dem geometrischen Orte der Mittelpunkte aller Kreise mit *gegebenem* Halbmesser r fragen.

Dieser Ort, die sog. R_M-Kurve, ist nach H. Alt[2] eine spezielle Koppelkurve, welche die Eckpunkte des Poldreieckes zu Doppelpunkten hat. Für r gibt es eine untere Grenze, es besteht daher ein kleinster Kreis durch drei entsprechende Punkte, der nach H. Alt[2] denselben Mittelpunkt hat wie der Inkreis des Poldreieckes, aber einen doppelt so großen Halbmesser.

Die Aufsuchung jener entsprechenden Punkte, die bei vier Lagen einer Ebene auf einem Kreise vom *vorgeschriebenen* Halbmesser r liegen,

S. 207—348, russ. mit französ. Result.] zeigt die konstruktive Ermittlung der Burmesterschen Punkte, die auf einer Transformation der beiden Strophoiden in denselben Kreis D beruht, wobei jeder Punkt von S und der entsprechende von Σ in denselben Punkt von D übergeführt wird. Einfache Sonderfälle ergeben sich, wenn S oder Σ in eine Gerade, einen Kreis oder in eine gleichseitige Hyperbel ausartet. Über eine weitere Eigenschaft der Burmesterschen Punkte vgl. R. Müller: Z. Math. Phys. Bd. 48 (1903) S. 220—223.

[1] Ihr Hauptbrennpunkt Γ liegt im Schnittpunkte der Umkreise der vier Dreiecke, welche durch vier von den vorhandenen sechs Drehpolen bestimmt sind; es steht, wie H. Alt bemerkt hat, der Punkt Γ zu den vier Polen in derselben Beziehung wie der Beschleunigungspol zu den Anfangs- und Endpunkten der Beschleunigungsvektoren zweier beliebiger Punkte einer komplan bewegten Ebene (3). Diese Tatsache ermöglicht die Vereinfachung der Konstruktion der Mittelpunktkurve mit gleichzeitiger Erhöhung des Genauigkeitsgrades. Z. angew. Math. Mech. Bd. 9 (1929) S. 423—425.

[2] Z. angew. Math. Mech. Bd. 1 (1921) S. 373—398.

führt im allgemeinen zu sechs Gruppen von je vier entsprechenden Punkten; es sind dies die Schnittpunkte der vier R_M-Kurven, die sich zu den sechs Polen für den gegebenen Wert r zeichnen lassen. Da sie auch auf der Mittelpunktkurve der vier Ebenen liegen müssen, werden sie am einfachsten im Schnitte dieser mit einer der vier R_M-Kurven gefunden.

Man kann daher bei vier gegebenen Lagen der Koppelebene noch die Längen der beiden Kurbeln vorschreiben und erhält mit Hilfe der R_M-Kurven die Lage der Koppelgelenke. Bei drei Lagen der bewegten Ebene können noch zwei weitere Bedingungen vorgeschrieben werden.

Sind Forderungen bestimmter Geschwindigkeiten[1] und Beschleunigungen[2] zu erfüllen, dann muß man außer den eben erwähnten Polen, die sich auf die endlich verschiedenen Lagen der Ebene beziehen, noch den momentanen Drehpol bzw. den Beschleunigungspol hinzunehmen. Die zeichnerischen Verfahren zur Darstellung des Geschwindigkeits- und Beschleunigungszustandes der ebenen Systembewegung ermöglichen auch hier verhältnismäßig einfache graphische Lösungen.

Ein weiterer Kreis von Aufgaben, durch deren Lösung eine erhebliche Zahl von Fragestellungen der Getriebelehre erfaßt wird, befaßt sich damit, zwei Ebenen, von denen mehrere beliebig zugeordnete Lagen gegeben sind, durch eine dritte Ebene in zwei Punkten gelenkig zu verbinden. Dann sind diese Punkte so zu ermitteln, daß sich ihr Abstand in den gegebenen Lagen wegen der Starrheit der Ebene nicht ändert. Die Lösung geschieht mit Verwertung der vorhin angeführten Betrachtungen durch Untersuchung der relativen Lagen der einen Ebene gegen eine Lage der anderen Ebene[3]. Von besonderer Bedeutung ist der spezielle Fall des Gelenkviereckes, für den die Ermittlung der relativen Drehpole besonders einfach wird.

Der Mechanismus des Gelenkviereckes kann nach der BURMESTERschen Theorie der Kreis- und Mittelpunktkurven zur angenäherten Geradführung verwendet werden; man kann aber auch Gelenkvierecke ausmitteln, bei deren Bewegung ein Punkt der Koppelebene eine beliebig gegebene Kurve mit möglichst guter Annäherung erzeugt. Aus der Gleichung der trizirkularen Koppelkurve sechsten Grades ergibt sich, daß sich ein Gelenkviereck finden lassen muß, dessen Koppelkurve mit einer beliebig vorgegebenen Kurve in neun willkürlich gewählten Punkten übereinstimmt. Die praktisch nicht durchführbare Auflösung der sich bei analytischer Behandlung ergebenden neun Gleichungen höheren Grades mit neun Unbekannten ersetzt H. ALT[4] dadurch, daß er

[1] Z. angew. Math. Mech. Bd. 1 (1921) S. 373—398.

[2] FEDERHOFER, K.: Z. angew. Math. Mech. Bd. 3 (1923) S. 217—222.

[3] GRÜBLER, M.: Getriebelehre, S. 107—112. — ALT, H.: Z. angew. Math. Mech. Bd. 1 (1921) S. 380—387.

[4] Z. angew. Math. Mech. Bd. 3 (1923) S. 13—19.

ein Gelenkviereck ausmittelt, von dem ein Punkt der Koppelebene die gegebene Kurve mit möglichst guter Annäherung beschreibt; dabei können nach den früheren Angaben fünf Bahnpunkte genau festgelegt werden. Die BURMESTERschen Sätze führen nach H. ALT[1] auch zur Konstruktion aller Gelenkvierecke, die bei vorgegebener Länge des Steges und vorgeschriebenem Winkelausschlag der Schwinge einen gegebenen dazugehörigen Winkelausschlag der Kurbel besitzen. Da in jeder Totlage zwei zusammenfallenden Lagen der Schwinge zwei unendlich benachbarte Lagen der Antriebskurbel entsprechen, so bestimmen die Totlagen im ganzen vier Systemlagen, und es kann aus diesen die Ausmittlung des Gelenkviereckes mit Hilfe der Mittelpunktkurve (die hier in eine Gerade und einen Kreis zerfällt) erfolgen. Es sind ∞ viele Lösungen möglich, daher kann man dem Gelenkvierecke noch eine Bedingung auferlegen (z. B. Länge der Schwinge oder noch eine bestimmte Zwischenlage von Kurbel und Schwinge). Eine von H. WANCKEL[2] angegebene Kurventafel gestattet die unmittelbare Bestimmung der Abmessungen der Glieder von Gelenkvierecken, wenn die Größen der beiden Totlagenwinkel von Kurbel und Schwinge und die Länge eines Gliedes gegeben sind; ihre Verwendung ist mit Hilfe einfacher Interpolationsverfahren auch dann noch möglich, wenn außer den beiden Totlagenwinkeln die Länge von zwei Gliedern gegeben ist. Praktische Behelfe zur Konstruktion von Bogenschubkurbeln (Kurbelschwingen) enthält das A.W.F.-Getriebeblatt 604 B und T[3].

Bei der Konstruktion der Wälzhebelmechanismen, die zu den unselbständigen höheren Elementenpaarketten gehören, ist u. a. die Forderung zu erfüllen, daß die beiden zusammenarbeitenden Wälzhebel behufs Vermeidung zu starker Abnutzung ihrer Oberflächen nur aufeinander rollen und nicht gleiten. Dann darf von den beiden Wälzkurven nur mehr eine willkürlich gewählt werden; ist noch die relative Bahn eines beliebigen Punktes der zweiten Wälzkurve gegen die erste (ruhend gedachte) vorgeschrieben, dann ist damit auch die zweite Wälzkurve für gleitfreies Zusammenarbeiten bestimmt und kann rechnerisch oder zeichnerisch ermittelt werden[4].

Eine maßsynthetische Aufgabe anderer Art (Berücksichtigung eines bestimmten Winkels) ergibt sich bei den ebenen Kurventrieben[5], bei welchen in der Regel Kurvenscheiben mit Rollenkontakt benutzt werden. Für die Konstruktionen der Kurvenscheiben ist der Winkel μ von Bedeutung zwischen der Tangente an die Bahn des Rollenmittelpunktes

[1] Z. angew. Math. Mech. Bd. 5 (1925) S. 337—346.

[2] Diss. Techn. Hochsch. Dresden 1925.

[3] Siehe Abschnitt b) des Literaturverzeichnisses.

[4] MAGG, J.: Die Steuerungen der Verbrennungskraftmaschinen, S. 120. Berlin: Julius Springer 1914. — ALT, H.: Z. angew. Math. Mech. Bd. 2 (1922) S. 187—194.

[5] KUTZBACH, H.: Zur Ordnung der Kurventriebe. Maschinenbau Bd. 8 (1929) S. 706—710.

und derjenigen an die Äquidistante zur Kurve durch den Rollenmittelpunkt. Er ist abhängig von der Größe der Scheibe und darf praktisch eine gewisse Größe nicht überschreiten[1]. K. A. FLOCKE[2] entwickelt unter Benutzung der Verfahren von H. ALT[3] und F. FURMAN[4] geometrische Konstruktionen für Kurvenscheiben mit Berücksichtigung dieses vorgeschriebenen Winkels μ, welche sofort ohne Probieren die richtige Größe der Scheibe liefern. Die Arbeit enthält auch zahlreiche Literaturangaben zur Theorie der ebenen Kurventriebe.

In der Synthese der zusammengesetzten Gelenkgetriebe[5], die aus dem Gelenkvierecke mit festgehaltenem Steg (Kurbelschwinge, Doppelkurbel und Doppelschwinge) als Grundgetriebe abgeleitet werden, haben die *Koppelkurven*[6] eine besondere Bedeutung erlangt; dies sind die Bahnen der in der Koppelebene des Grundgetriebes liegenden Punkte, die zur Erzielung von Rastgetrieben als Ersatz der Kurventriebe nutzbar gemacht werden[7]. Die kinematische Synthese der Grundgetriebe erfordert vor allem die Kenntnis der Hauptformen ihrer Koppelkurven in systematisch zweckmäßiger Übersicht.

Die umständliche zeichnerische Ermittlung der Koppelkurven kann umgangen werden durch ihre mechanische Erzeugung auf photochemischem Wege, indem nach dem Verfahren von K. LANGEN[8] und W. JAHR[9] diese Kurven auf lichtempfindlichem Papier hergestellt werden. Eine genaue und bequeme Aufzeichnung der Koppelkurven wird ermöglicht durch ein von B. KONEN vorgeschlagenes Zelluloid-

---

[1] Die Bedeutung des Übertragungswinkels für das Konstruieren periodischer Getriebe mit niederen oder höheren Elementenpaaren erörtert H. ALT: Werkstatt-Technik Jg. 26 (1932) S. 61–64.

[2] Ein Beitrag zur Theorie der ebenen Kurventriebe. VDI-Forsch.-Heft 345. Berlin 1931.

[3] Vortrag auf der Getriebetagung in Dresden 1926.

[4] Cams Elementary and Advanced. New York: John Wiley & Sons 1921.

[5] ALT, H.: Z. Ver. Deutsch. Ing. Bd. 74 (1930) S. 139–144; Bd. 75 (1931) S. 245–254. — Die Systematik und Synthese des Aufbaues der zusammengesetzten Gelenkgetriebe behandelt ausführlich H. BLAISE: Z. Ver. Deutsch. Ing. Bd. 75 (1931) S. 1223–1227, 1303–1309.

[6] Eine Reihe interessanter Eigenschaften der Koppelkurve wurden gefunden von R. L. HIPPISLEY: Proc. London Math. Soc. 1919 S. 136. — BENNETT, G. T.: ebenda 1920 S. 59. — MORLEY, F. V.: ebenda 1922 S. 140. — OGLOBLIN, N.: Bull. Acad. de l'Oucraine Bd. 1 (1923) (Darstellung des Gelenkviereckes und Untersuchung der Koppelkurven mit komplexen Größen). — EBNER, F.: Leitfaden der technisch wichtigen Kurven. Leipzig: Teubner 1906.

[7] Während der Drucklegung dieses Berichtes erschien eine größere Arbeit von H. ALT über die Koppelgetriebe als Rastgetriebe. Z. Ver. Deutsch. Ing. Bd. 76 (1932) S. 456—462, 533—537. Sie behandelt die Ermittlung der Rastgetriebe durch Koppelkurven oder Krümmungskreise.

[8] Siehe K. RAUH: Prakt. Getriebelehre, S. 49. Berlin: Julius Springer 1931.

[9] Vorgetragen auf der Tagung für Getriebetechnik in Dresden 1930. Bericht hierüber in der Z. Ver. Deutsch. Ing. Bd. 74 (1930) S. 1457–1460.

getriebe[1]. H. BLAISE[2] erreicht eine gewisse Ordnung der vielgestaltigen Koppelkurven einer Kurbelschwinge durch bestimmte Anordnung der Koppelpunkte, indem diese einmal auf Strahlen eines Büschels gewählt werden, dessen Grundpunkt in den Koppelpunkt Q der Schwinge fällt und dann auf Kreisen, die konzentrisch zum Mittelpunkt Q liegen.

Werden auf den so entstehenden polaren Schaubildern der Koppelkurven auch die in der Zeiteinheit zurückgelegten Wege gekennzeichnet, so erhält man einen gewissen Einblick in die Geschwindigkeitsverhältnisse auf den einzelnen Koppelkurven. Ähnliche Schaubilder hat H. BLAISE auch für die Koppelkurven einer Doppelkurbel entworfen, die durchweg kardioidisches Aussehen haben.

Eine übersichtliche Darstellung der Eigenschaften der für die Maßsynthese wichtigen Fokalkurven, der BURMESTERschen Pollagenkurven, Kreis- und Mittelpunktkurven gibt R. BEYER[3] mit eigenen Beiträgen zur graphischen Lösung maßsynthetischer Aufgaben.

16. Forderung bestimmter Bahnen; Geradführungen. Das Problem, jene Bewegungen eines ebenen Systems zu finden, bei denen ein Systempunkt eine *gegebene Gerade* des festen Systems beschreibt, behandelt E. DASEKE[4], der zu einer systematischen Einteilung der *Geradführungen des ebenen Systems* gelangt. Wird der Bewegung des ebenen Systems jene eines Punktes im Raume zugeordnet, indem man die Parameter der ebenen Bewegung als homogene Koordinaten eines Punktes im Raume deutet, dann bilden sich die Geradführungen auf die Kurven bestimmter Paraboloide ab; zurücktransformiert in die Ebene liefern sie eine entsprechende Einteilung der Geradführungen und der ihnen entsprechenden Mechanismen, wobei die Brennpunkte der Bahnkurven eine wichtige Rolle spielen[5]. Die Methodik der Untersuchung stützt sich auf E. STUDY[6] und W. BLASCHKE[7]. Die Bewegungen eines ebenen Systems, dessen Punkte rationale Kurven dritten und vierten Grades beschreiben, wurden eingehend untersucht von H. J. E. BETH[8].

---

[1] Es ist beschrieben in dem in Fußnote 7 genannten Buche von K. RAUH, S. 56.

[2] Z. Ver. Deutsch. Ing. Bd. 75 (1931) S. 1223—1227, 1303—1309.

[3] Technische Kinematik, Abschn. XXI und XXIII. Leipzig: J. A. Barth 1931. Hier wird auch die Verwendung der BEYERschen Drehzahlvektorenpläne (vgl. 29) zur Lösung von Aufgaben aus der Synthese der Kegel- und Reibradgetriebe an einigen Beispielen gezeigt.

[4] Diss. Bonn 1927. 80 S. mit 23 Abb.

[5] Durch diese Brennpunkte laufen bei der Bewegung Kurven, die von geringerer Ordnung sind als diejenigen, die ständig durch andere Punkte der festen Ebene gehen; diese Kurven sind bei den betrachteten Geradführungen bis zur dritten Ordnung: Punkt, Gerade, Kegelschnitte und gewisse Kurven dritter Ordnung.

[6] Geometrie der Dynamen, S. 580ff. (1903). — S.-B. Math. Ges. Berlin Jg. 12 (1912) S. 59.

[7] Fußnote 2, S. 13.

[8] Nieuw Arch. Wiskde Bd. 14 (2) (1922) S. 23—43.

Die als Inversoren bekannten und vielfach behandelten ebenen zwangläufigen Gelenkketten werden zur Erzeugung genauer Geradführungen benutzt[1]. F. SCHILLING[2] konnte durch Übertragung der bekannten Geradführung von PEAUCELLIER (1864)[3] auf den Raum einen räumlichen Inversor konstruieren und damit eine neue *genaue Führung eines Punktes in einer Ebene* mit Hilfe eines räumlichen Gelenksystems angeben[4]. Hierbei sind drei Punkte CDE einer Ebene γ mit den zu γ symmetrisch liegenden Punkten AB und mit dem auf der Geraden AB (nicht in γ) liegenden Punkte O durch Stäbe verbunden, ferner die Punkte D und E durch je einen Stab mit C. Dieses aus elf Stäben mit sechs Gelenken bestehende räumliche Gelenksystem ist zwangläufig; wird O festgehalten und C durch einen Stab mit dem festen Punkt O_1 verbunden, dann besitzt dieses so befestigte Gelenksystem drei Freiheitsgrade und es kann demnach der Punkt A im allgemeinen in eine beliebige hinreichend nahe Nachbarlage gebracht werden. Bei jeder der möglichen Deformationen des Gelenksystems bleiben die Punkte O, A, B in einer Geraden und es ist stets

$$\overline{OA} \cdot \overline{OB} = c_1^2 - c^2 = \text{konst.}$$

($\overline{OC} = c_1$, $\overline{BC} = c$), d. h. das Gelenksystem stellt einen räumlichen Inversor dar. Wird diesem räumlichen Inversor in A noch ein dreizehnter Stab eingefügt, dessen anderes Ende an einer Stelle M festgehalten wird, so daß $\overline{MA} = \overline{MO}$ ist, so ist A gezwungen, sich auf einer durch das Inversionszentrum gehenden Kugel zu bewegen, es bleibt demnach der Punkt B bei allen Deformationen des Inversors in einer bestimmten zu OM senkrechten Ebene.

Verbindet man schließlich den Punkt A mit einem weiteren festen Punkt N durch einen Stab, wobei wieder $\overline{NA} = \overline{NO}$ ist, so ist der Punkt A in diesem zwangläufigen räumlichen Gelenksystem auf einem Kreise durch das Inversionszentrum O beweglich und es beschreibt daher der Punkt B eine Gerade; man erhält also eine *räumliche Geradführung* durch einen räumlichen Mechanismus, dessen Definition nur auf dem

[1] Vgl. die Literaturangaben auf S. 35, Fußnote 1. — THUE, A.: Gelenkgeradführungen. Vid Selsk. Förh. 1912 Nr. 3. Christiania. (Enthält Figuren und Reproduktionen nach Photographien von hölzernen Modellen selbstkonstruierter neuer Gelenksysteme.) — FONTENÉ, G.: Nouv. Ann. Math. Bd. 7 (4) (1907) S. 19 bis 22. (Geradführung von HART.) — OGLOBLIN, N.: Bull Acad. de l'Oucraine Bd. 1 (1923). (Mechanismus von SYLVESTER und HART.) — HOLST, C. P.: Nieuw Tijdschr. Wisk. Bd. 15 (1928) S. 183—190. (Theorie der Mechanismen von PEAUCELLIER, HART, KEMPE.)

[2] Math. Ann. Bd. 85 (1922) S. 200—207.

[3] Nouv. Ann. Bd. 3 (2) (1864) S. 344; Bd. 12 (2) (1873) S. 71. Ein Modell dieser Geradführung ist von M. Schilling in Leipzig als Serie 24, Nr. 10 herausgegeben.

[4] Eine andere genaue Ebenenführung liefert der bekannte Planigraph von DARBOUX-KOENIGS, bei dem zweimal drei Punkte in einer durch einen Stab ausgebildeten Geraden liegen. Vgl. Enz. Math. Wiss. Bd. 4 S. 243, 256. — KOENIGS: Léçons de Cinématique, S. 295. Paris 1897. Ein Modell dieses Apparates ist im Verlage von M. Schilling in Leipzig als Serie 32, Nr. 6 erschienen.

Distanzbegriff beruht[1]. Die Vorrichtung von PEAUCELLIER selbst hat noch nicht diese Eigenschaft, da sie die Ebene, in der sie liegt, voraussetzt. Aus dem Inversor von PEAUCELLIER läßt sich auch ein Mechanismus ableiten, der zu jedem Punkte die Polare in bezug auf einen festen Kreis liefert[2]. Ein solcher Polarograph kann auch leicht in einen Konikographen oder Kegelschnittzeichner verwandelt werden[3]. R. SCHIMACK[4] konstruiert durch Vereinigung einer Rollenkoppel — wobei die Achse der einen Rolle beständig in die Ebene der anderen fällt — mit einem Storchschnabel einen Katenographen zum Zeichnen von Kettenlinien, ein von TH. SCHMID[5] entworfenes kinematisches Modell zeichnet die vier einfachsten Gruppen von algebraischen Trochoiden.

Mit Hilfe der Theorie der konjugierten Punkte und konjugierten Bahnen eines Doppelkurbelgetriebes beweist L. G. LOITZIANSKI[6], daß der Inversor von PEAUCELLIER-LIPKIN und seine Verallgemeinerung (wobei die konjugierten Punkte nicht einem Rhombus, sondern einem Deltoid angehören) die einzigen Inversoren vom betrachteten Typus sind; seine Untersuchung führt noch zu einem neuen Typ von Gelenkketten, den Quasi-Inversoren, bei denen die konjugierten Punkte nicht auf einer Geraden liegen.

Die Vermittlung zahlreicher algebraischer Transformationen durch Gelenkketten wurde zusammenfassend dargestellt von A. EMCH[7]. Durch

[1] Vgl. K. ZINDLER: S.-B. Akad. Wiss. Wien Bd. 140 (1931) S. 399—402. Der Planigraph von SCHILLING, aus dem sich diese räumliche Geradführung durch Hinzufügung eines Stabes ergibt, ist dort nicht erwähnt.

[2] Reziprokalführung von H. RUOSS. Böklens math.-naturw. Mitt. Bd. 4 (1891) S. 88. — Polarograph von F. SCHILLING. Vgl.: Über die Anwendungen der darstellenden Geometrie, S. 37. Leipzig u. Berlin 1904. — Polarograph von A. WLASSOFF. Z. Math. Phys. Bd. 54 (1907) S. 1—11. Bemerkungen hierzu von R. MEHMKE: ebenda S. 12—13.

[3] Vgl. die Arbeit von A. WLASSOFF, vorstehende Fußnote 2. — DUFTON, A. F.: Proc. Roy. Soc. London Bd. 97 (1920) S. 199—201. — Einen neuen Ellipsenzirkel beschreibt KAISER: Z. Instrumentenkde. Bd. 39 (1919) S. 333—337 (Modell von der Firma L. Spitz & Co., Berlin). — Mechanische Hilfsmittel zur Erzeugung der Parabel, Hyperbel und des Steigbogens liefert J. FRITZEN: Z. Instrumentenkde Bd. 49 (1929) S. 457—464.

[4] Z. Math. Phys. Bd. 52 (1905) S. 341—347. Das Prinzip der Rollenkoppel gestattet die kinematische Erzeugung aller RIBAUCOURschen Kurven.

[5] Z. Math. Phys. Bd. 48 (1903) S. 462—465.

[6] Ann. Inst. Polyt. Leningrad Bd. 30 (1927) S. 143—155 (russ. mit deutsch. Result.). Im allgemeinen entsprechen jeder Lage einer Kurbel des Doppelkurbelgetriebes zwei Lagen der zweiten Kurbel und der Koppel. Zwei Lagen eines Punktes der Koppelebene und die dazugehörigen beiden Bahnkurven bilden dann die konjugierten Punkte bzw. konjugierten Bahnen, die sich einfach mit komplexen Zahlen untersuchen lassen.

[7] An Introduction to projective Geometry and its Applications. New York: Wiley 1905. Mit zahlreichen Literaturangaben. — CRONE, C.: Nyt. Tidss. for Math. Bd. 19 (B) (1908) S. 7—15. (System aus sechs Stangen zur Transformation ebener Kurven.)

Zusammensetzung von Nürnberger Scheren gelangten F. KLEIN[1] und F. SCHILLING zu einfachen ebenen und räumlichen Gelenksystemen für die Darstellung der affinen Transformationen der Ebene und des Raumes, kompliziertere Gelenksysteme dieser Art zur Darstellung der kollinearen Transformationen hat A. EMCH[2] angegeben. Eine erschöpfende Behandlung erfuhren die Gelenkmechanismen zur Kreisverwandtschaft (Transformation durch reziproke Radien, Inversion) von G. HESSENBERG[3]. Mit der von L. BURMESTER[4] angegebenen kinetographischen Verwandtschaft ebener oder räumlicher Systeme lassen sich neue geometrische Bilder (Kurven und Flächen) ableiten und umgekehrt aus deren Erzeugungsweise ebene oder räumliche Mechanismen aufbauen, welche diese Bilder mechanisch erzeugen[5].

Nach L. LOITZIANSKI[6] können ebene Mechanismen mit zwei Freiheitsgraden zur Vermittlung einer näherungsweisen konformen Transformation dienen, indem die nichtkonforme Transformation in der Nähe ihres „singulären" Punktes (in manchen Fällen ihrer „singulären" Linie) näherungsweise an die Stelle der konformen Abbildung tritt, wobei der Grad der Näherung von der Ordnung der Singularität abhängt.

G. KOENIGS[7] hat durch Übertragung der KEMPEschen Untersuchungen auf den *Raum* bewiesen, daß jede algebraische Fläche und jede algebraische Raumkurve durch räumliche Gelenksysteme erzeugt werden kann; als Beispiele hierfür gab er einen Planigraphen und einen Ellipsoidographen an zur Erzeugung der Ebene und des Ellipsoides[8]. Weitere Sonderfälle wurden behandelt von BLAKE[9], P. STÄCKEL[10],

---

1 Z. Math. Phys. Bd. 58 (1910) S. 311—315. Modelle hiervon sind im Verlage der Firma M. Schilling in Leipzig erschienen.

2 Kinematische Gelenksysteme und die durch sie erzeugten geometrischen Transformationen, S. 32ff. Solothurn, Progr. d. Kantonschule 1906/07.

3 Tübinger Naturw. Abh. H. 6. In Kommission bei I. C. B. Mohr (Paul Siebeck). Tübingen 1924. 16 S. mit einer Tafel.

4 S.-B. Bayr. Akad. Wiss. Bd. 37 (1907) S. 17—32.

5 RIEDER, H.: Untersuchungen einer zwei-vierdeutigen kinetograph. Verwandtschaft. Dissert. Techn. Hochsch. München 1907. — HÜBSCH, K.: Untersuchung einer kinetograph. Verwandtschaft bei speziellen Schleifschiebergetrieben. Diss. Techn. Hochsch. München 1909. — SERGELIUS, M.: Untersuchungen kinetograph. Korrespondenzen [2, 2] in der Ebene und im Raume. Z. Math. Phys. Bd. 61 (1913) S. 367—403.

6 J. Applied Phys. Moskau Bd. 5 (1928) S. 151—184 (russ. mit engl. Zusammenfassung). Die Ordnung des Fehlers ist nach den in der Arbeit abgeleiteten Sätzen um eins größer als jene der Singularität. — Vgl. auch Bull. Acad. Sci. Kiev Bd. 1 (2) (1924) S. 7—9, 48—50.

7 C. R. Acad. Sci., Paris Bd. 120 (1895) S. 861, 981.

8 Leçons de Cinématique, S. 295—298. Paris 1897.

9 Amer. J. Math. Bd. 21 (1899); Bd. 22 (1900).

10 Trans. Amer. Math. Soc. Bd. 7 (1906) S. 293—313. (Kinematische Erzeugung von Minimalflächen.)

E. WEINNOLDT[1] und A. EMCH[2]; letzterer untersucht die Bewegungen räumlicher Gelenksysteme, die durch gelenkige Verbindung einer endlichen Anzahl von als Stäben aufgefaßten Geraden der zwei Scharen eines einfachen Hyperboloids gebildet werden. (Deformierbares Gelenkhyperboloid.)

Schließlich sei noch auf einen von A. GRÜNWALD[3] angegebenen Mechanismus verwiesen, der in einfacher Weise zwangläufig die MANNHEIM-DARBOUXsche Umschwungsbewegung eines starren Körpers liefert, die aus der bekannten Ellipsographenbewegung durch Hinzutritt einer harmonischen Sinusschwingung in der zur Ebene der Ellipsographenbewegung senkrechten Richtung entsteht.

VI. Der Bewegungszustand des freien räumlichen Systems.

Die Darstellung des Geschwindigkeits- und Beschleunigungszustandes bei der räumlichen Bewegung erfolgte bis vor wenigen Jahren durchwegs auf analytischem Wege. Ein wesentlicher Fortschritt, der sich bei der kinematischen und kinetostatischen Untersuchung der räumlichen kinematischen Ketten fruchtbringend auswirkte, konnte durch die Einführung graphischer Methoden erzielt werden, von denen in der Kinematik ebener Systeme dank ihrer Einfachheit und Übersichtlichkeit schon längst ausgiebiger Gebrauch gemacht wird. Das in der Raumkraftstatik mit großem Erfolge verwendete MAYOR-v. MISESsche Abbildungsverfahren[4] gab den Anstoß und die Grundlage zu der von K. FEDERHOFER begründeten Graphischen Kinematik und Kinetostatik des starren räumlichen Systems[5]. Die darin behandelten Aufgaben lassen sich auch einfach lösen mit Hilfe der kürzlich von R. BEYER[6] angegebenen Konstruktion des Momentvektors und des inneren Produktes zweier Vektoren (18), wobei die Hilfsmittel der darstellenden Geometrie benutzt werden.

17. Abbildungsverfahren nach B. MAYOR und R. v. MISES. Es wird jedem Raumvektor ein *Bildstab* (oder kurz das *Bild*) in einer Ebene (Abbildungsebene) ein-eindeutig zugeordnet. Seien P' und P'' Grund-

[1] Z. Math. Phys. Bd. 52 (1905) S. 299—330.

[2] Fußnote 2 auf S. 43 (Text S. 54—66).

[3] Z. Math. Phys. Bd. 54 (1907) S. 154—220. Von A. GRÜNWALD wurde auch ein Zirkel zur Erzeugung kubischer Kreise angegeben. Ebenda Bd. 55 (1907) S. 278—281.

[4] MAYOR, B.: Statique graphique des systèmes de l'espace (1910); ferner: Introduction à la Statique (1926). — MISES, R. v.: Graphische Statik räumlicher Systeme. Z. Math. Phys. Bd. 64 (1916) S. 209—232. — PRAGER W.: vgl. Fußnote 3, S. 46. — SOTOFF, A. W.: Z. angew. Math. Mech. Bd. 8 (1928) S. 393—396.

[5] Wien: Julius Springer 1928.

[6] Technische Kinematik, S. 479—482. Leipzig: A. Barth 1931 — Jber. d. Vereinigt. Techn. Schulen Zwickau 1929/31 — Z. angew. Math. Mech. Bd. 10 (1930) S. 618—622.

riß und Aufriß eines Raumvektors $\mathfrak{P}$, $X'Y'Z'$ seine Komponenten in bezug auf ein rechtshändiges Achsensystem (Fig. 16) mit dem Ursprunge O, sei ferner P das dem Vektor $\mathfrak{P}$ in der Bildebene (XY-Ebene) zugeordnete Bild (mit den Komponenten X, Y), so soll die Zuordnung von $\mathfrak{P}$ und P so erfolgen, daß $X = X'$, $Y = Y'$, cZ' gleich dem Moment von P um O, wobei c eine beliebige positive Abbildungskonstante bedeutet[1]. Nach dieser Festlegung erhält man nach K. FEDERHOFER das Bild durch folgende Konstruktion: Ziehe durch den auf der positiven

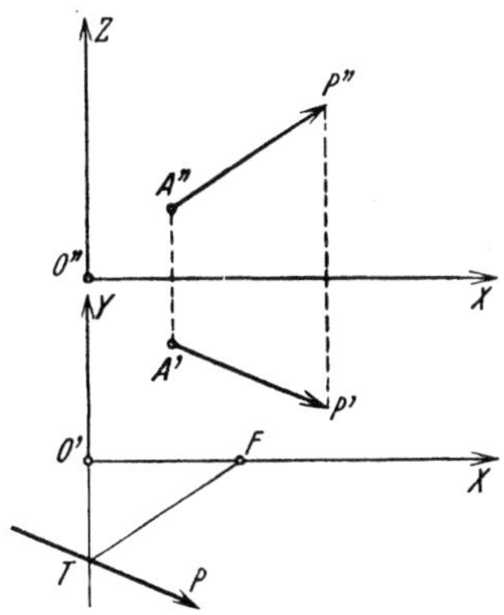

Fig. 16.

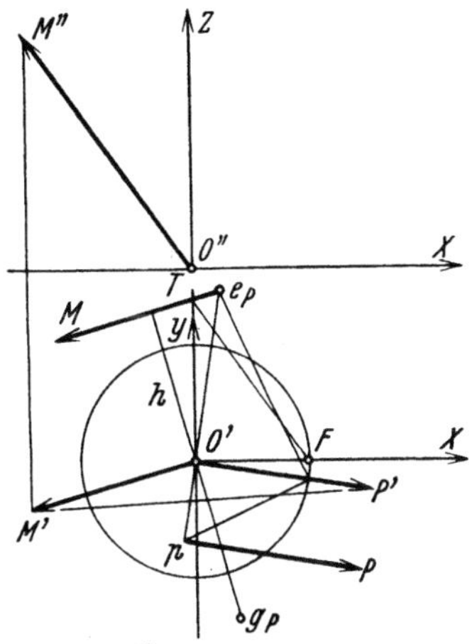

Fig. 17.

X-Achse in der Entfernung c von O' gelegenen Punkt F die Parallele zum Aufrisse P'' bis zum Schnitte T mit der Y-Achse; dann ist T ein Punkt des Bildes P, das durch die Parallele durch T zu P' dargestellt ist. Die Umkehrung dieser Konstruktion liefert den Aufriß P'' ($\parallel FT$) aus dem gegebenen Bilde.

Auch die Momentenvektoren werden durch ihre Bildstäbe in der Bezugsebene abgebildet. Sind $M'_x\, M'_y\, M'_z$ die Komponenten des Momentes $\mathfrak{M}$ eines Kraftvektors $\mathfrak{P}$ *bezüglich* O und ist die Kraft $\mathfrak{P}$ durch ihr Bild P und durch den Spurpunkt g_P ihrer Wirkungslinie in der Abbildungsebene festgelegt (Fig. 17), so liefert die Zuordnung

$$cX = M'_x, \qquad cY = M'_y, \qquad Z = M'_z$$

die Elemente des Bildes M in der Bezugsebene.

[1] E. KRUPPA bringt dieses Abbildungsverfahren mit der als Netzprojektion bezeichneten Abbildung des Punktraumes auf die Bildebene in Verbindung, wodurch es organisch in das Lehrgebäude der darstellenden Geometrie eingegliedert wird. Die Netzprojektion des unendlich fernen Punktes von $\mathfrak{P}$ ist der Antipol des Bildes P bezüglich des Einheitskreises um O und es ist die das Bild P tragende Gerade die Netzprojektion der unendlich fernen Geraden der zu $\mathfrak{P}$ normalen Ebenen. Z. angew. Math. Mech. Bd. 4 (1924) S. 146—155.

Das Bild M des Momentenvektors $\mathfrak{M}$ steht senkrecht auf $\overline{O'g_P}$ und geht durch den Antipol e_P des Bildes P in bezug auf $O'(\overline{O'p}\cdot\overline{O'e_P}=c^2)$. Zieht man nach v. MISES durch P' die Normale zu $e_P\,g_P$, so schneidet sie die in O' errichtete Senkrechte zu $O'g_P$ in M' und man hat in $O'M'$ die Länge des Bildes M gefunden. Es ist

$$\overline{O'M'}\cdot c = \sqrt{M_x'^2 + M_y'^2}; \qquad \overline{O'M'}\cdot h = M_z'.$$

Der Aufriß $O''M''$ des Momentenvektors ist nach Früherem parallel zu FT.

Für dieses Abbildungsverfahren gelten folgende Sätze:

1. Der Summe von Raumvektoren entspricht die Summe ihrer Bildstäbe.

2. Den Vektoren, die einer Geraden parallel sind, entsprechen Stäbe mit gleichem Träger.

3. Den Vektoren, die einer Ebene parallel sind, entsprechen Bilder, deren Träger durch einen Punkt, den Bildpunkt dieser Ebene, gehen.

4. Für zwei aufeinander senkrechte Vektoren geht das Bild des einen Vektors durch den Antipol des Bildes des zweiten Vektors.

Aus den Sätzen 3 und 4 folgen unmittelbar die zwei weiteren Sätze:

5. Der für die Abbildung einer Ebene charakteristische Bildpunkt (nach 3 der Schnittpunkt der Bilder aller zu ihr parallelen Vektoren) ist der Antipol des Bildes der Normalen dieser Ebene.

6. Das Bild der Normalen einer Ebene ist die Antipolare des Bildpunktes der Ebene.

Die Konstruktion des Momentes eines Vektors für einen nicht mit O zusammenfallenden Drehpunkt geschieht nach K. FEDERHOFER[1] durch zweimalige Anwendung des v. MISESschen Verfahrens.

Sie wird nach R. BEYER[2] dadurch vereinfacht, daß man die Abbildungsebene durch den Drehpunkt legt. Kommen aber im Verlaufe einer Konstruktion mehrere Drehpunkte in Betracht, dann erscheint die Beibehaltung ein und derselben Abbildungsebene zweckmäßiger.

Dient die angegebene Abbildung des Momentenvektors zur einfachen Darstellung des *äußeren* Produktes zweier Vektoren, so hat eine ebenfalls von B. MAYOR angegebene und von W. PRAGER[3] konstruktiv verwendete Abbildung, die der ersteren dual gegenübersteht, zu einer einfachen Ermittlung des *inneren* Produktes zweier Vektoren geführt.

Hierbei wird dem Raumvektor $\mathfrak{P}$ ein zur Bildebene XY senkrechter Bildstab von der Länge $Z = Z'$ so zugeordnet, daß seine Momente in bezug auf die Koordinatenachsen die Werte

$$M_x = X'c, \qquad M_y = Y'c, \qquad M_z = 0$$

[1] Graphische Kinematik, S. 6—7.

[2] Z. angew. Math. Mech. Bd. 10 (1930) S. 620.

[3] Z. angew. Math. Mech. Bd. 6 (1926) S. 341—355; Bd. 7 (1927) S. 421—424. Z. anderem Zusammenhange findet sich dieses Verfahren auch bereits bei v. MISES: In angew. Math. Mech. Bd. 4 (1924) S. 212.

erhalten. Demnach ist die Lage des Bildstabes in dieser Abbildung festgelegt durch seinen einfach zu konstruierenden Schnittpunkt $\overline{P}$ mit der Bildebene, den man den „Bildpunkt“ von $\mathfrak{P}$ nennt.

Auch für das Abbildungsverfahren von W. PRAGER gelten die Sätze 1 und 2. Der Bildpunkt des resultierenden Stabes ist daher der Schwerpunkt der mit den Gewichten $Z_1, Z_2, \ldots$ belasteten Bildpunkte der einzelnen Vektoren.

Den Vektoren, die einer Ebene parallel sind, entsprechen Stäbe, die in einer Ebene liegen; ihre Bildpunkte liegen daher auf einer Geraden.

Um das innere Produkt $\mathfrak{P}_1 \cdot \mathfrak{P}_2$ zu erhalten, bildet man den einen Vektor, z. B. $\mathfrak{P}_1$, nach dem ersten Verfahren, den anderen nach dem zweiten Verfahren ab und bestimmt das statische Moment des Bildstabes P_1 in bezug auf den Bildpunkt $\overline{P}_2$. Bezeichnet man das Produkt aus diesem Momente und Z_2 als „statisches Moment des Stabes P_1 in bezug auf den Stab P_2“, so gilt der Satz:

Das innere Produkt zweier Vektoren ist gleich dem durch c dividierten statischen Moment des Bildstabes des einen in bezug auf den Bildstab des anderen Vektors.

Hiernach muß für zwei zueinander senkrechte Vektoren der Bildpunkt des einen Vektors auf dem Bilde des zweiten liegen.

Mit Rücksicht auf den Satz 5 stehen daher die beiden Abbildungsverfahren in folgendem dualem Zusammenhange:

Der Bildpunkt eines Vektors ist der Antipol des Bildes dieses Vektors und das Bild eines Vektors ist die Antipolare seines Bildpunktes.

18. Verfahren von R. BEYER[1]. Um das statische Moment einer Kraft in bezug auf eine beliebige Achse zu finden, wird die Kraft auf eine zu dieser Achse errichtete Normalebene projiziert und das Moment der Projektion der Kraft in bezug auf den Durchstoßpunkt der Achse mit der Normalebene[2] bestimmt. In Fig. 18 ist der Aufriß und Grundriß $P''P'$ des Kraftvektors $\mathfrak{P}$ gegeben, dessen Moment $\mathfrak{M}$ in bezug auf den beliebigen Punkt D $(D''D')$ im Aufriß und Grundriß konstruiert werden soll. $\mathfrak{M}$ steht senkrecht auf der durch D und $\mathfrak{P}$ gelegten Ebene, so daß $\mathfrak{M}'' \perp D''v$, $\mathfrak{M}' \perp D'h$ sein muß, wo v, h die Spurpunkte von $\mathfrak{P}$ in der durch D'' bzw. D' gelegten Grundriß- bzw. Aufrißebene sind. Es genügt daher zur Festlegung der Länge der gesuchten beiden Risse von $\mathfrak{M}$ die zeichnerische Ermittlung eines Achsenmomentes.

Um z. B. $\mathfrak{M}''$ zu erhalten, hat man nur zu beachten, daß $\mathfrak{M}''$ das Achsenmoment für die im Aufrisse zu $D''v$ gezogene Normale ist. Man projiziert daher die Kraft $\mathfrak{P}$ auf die durch D'' zu M'' gelegte Normalebene und bestimmt das statische Moment dieser Projektion in bezug auf den Durchstoßpunkt D'' der Achse mit der Normalebene. Wird

[1] Fußnote 6, S. 44.
[2] FÖPPL, A.: Vorlesungen über Techn. Mechanik Bd. 1 S. 89. Teubner 1917.

die in die Normalebene fallende Kraftkomponente im Punkte v nach den Richtungen vD'' und senkrecht dazu zerlegt, so gibt nur die letztere Teilkraft, d. i. die X-Komponente der Kraft, einen Momentenbeitrag und man hat mit einer beliebig wählbaren Länge c:

$$\mathfrak{M}'' = \overline{D''v} \cdot X = c \cdot m'',$$

worin m'' die Länge $D''M''$ darstellt. Diese ergibt sich durch folgende einfache Konstruktion: Mache $D''T = c$, $D''U = X$, ziehe $vM'' \parallel TU$. Da $\mathfrak{M}' \perp D'h$, so sind Grundriß und Aufriß von $\mathfrak{M}$ bestimmt.

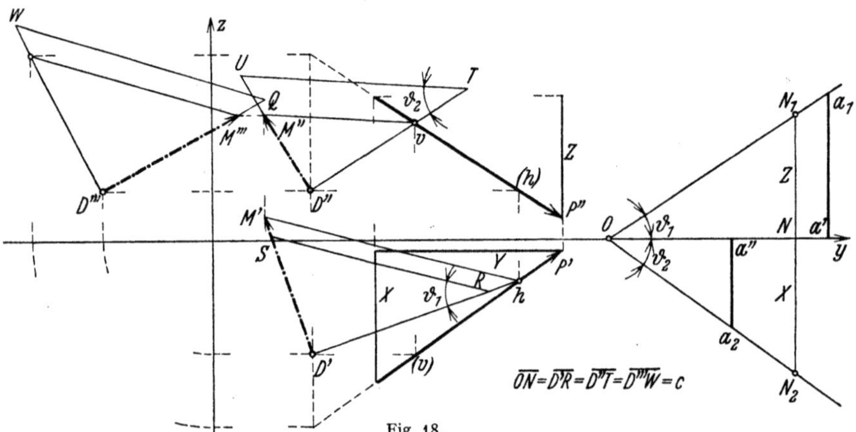

Fig. 18.

In Fig. 18 sind die stets nach gleichen Verfahren auszuführenden Konstruktionen in den drei Rissen dargestellt; da die Richtungen von $\mathfrak{M}'$, $\mathfrak{M}''$ und $\mathfrak{M}'''$ bestimmt sind, so genügt die Durchführung *einer* dieser drei Konstruktionen, die mit längerer analytischer Beweisführung von R. BEYER angegeben worden sind[1].

Bei der Konstruktion des Momentes eines Vektors für *mehrere* Drehpunkte bleiben die Winkel $\vartheta_1 \vartheta_2$ erhalten, so daß sich nach R. BEYER[2] die Zeichnung der ähnlichen Dreiecke mit Hilfe besonderer ϑ-Pläne empfiehlt, wodurch die Konstruktionen einfacher und übersichtlicher werden. Es werden an die gemeinsame, waagrecht gewählte Bezugslinie ON die Winkel ϑ_1 und ϑ_2 angelegt, indem $\overline{ON} = c$, $\overline{NN_1} = Z$, $\overline{NN_2} = X$ gemacht wird, womit in ON_1 die ϑ_1-Linie, in ON_2 die ϑ_2-Linie erhalten wird[3]. Die zur Abszisse $Oa' = D'h$ gehörige Ordinate $a'a_1$ der

[1] Die in (18) gezeigte einfache Beweisführung führt auch zur unmittelbaren Konstruktion des Momentes für eine der Koordinatenachsen und damit auch des Auf- und Grundrisses. FEDERHOFER, K.: Z. angew. Math. Mech. Bd. 11 (1931) S. 251—252. Erwiderung von R. BEYER ebenda.

[2] Z. angew. Math. Mech. Bd. 11 (1931) S. 440.

[3] Die Verwendung von ϑ-Linien in der ebenen graphischen Kinematik geht zurück auf W. HARTMANN: Die Maschinengetriebe, S. 17. Stuttgart und Berlin 1913. (Vgl. 29.)

ϑ_1-Linie gibt die Länge $D'M'$ des Grundrisses $\mathfrak{M}'$ des Momentvektors, die zur Abszisse $Oa'' = D''v$ gehörige Ordinate $a''a_2$ der ϑ_2-Linie gibt die Länge $D''M''$ des Aufrisses $\mathfrak{M}''$ des Momentvektors. Es sind also vorwiegend waagrechte und lotrechte Hilfslinien zu ziehen.

Auch das innere Produkt zweier Vektoren kann nach R. BEYER[1] durch eine im Rahmen der darstellenden Geometrie bleibende Konstruktion ermittelt werden.

19. Verfahren von R. MEHMKE[2]. Es werden einem durch Grundriß und Seitenriß dargestellten gebundenen Vektor, dessen Komponenten in bezug auf die Achsen eines rechtwinkligen Koordinatensystems mit

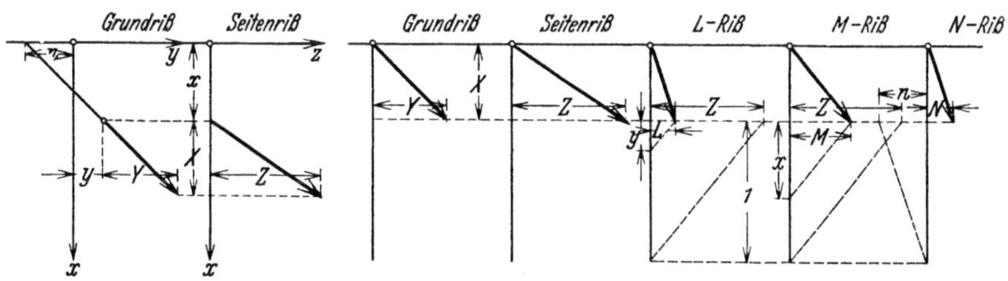

Fig. 19.

XYZ bezeichnet seien, noch gerichtete Strecken zugeordnet, deren Koordinaten gleich sind den Momenten LMN der Kraft in bezug auf die Koordinatenachsen. Mit x, y (Fig. 19) als Koordinaten des Spurpunktes des Kraftvektors in der Grundrißebene und mit n als Abschnitt des Vektorgrundrisses auf der Y-Achse ist

$$L = Zy, \quad M = Zx, \quad N = Xn.$$

Wird der seine Größe und Richtung beibehaltende Kraftvektor bis an den Ursprung verschoben und werden der Y- und Z-Achse drei weitere Achsen für die Auftragung der Koordinaten L, M, N hinzugefügt, die in die waagrechte Y- und Z-Achse fallen, dann ergeben sich nach der Konstruktion in Fig. 19 fünf zu den Koordinatenpaaren XY, XZ, XL, XM, XN gehörige Pfeile, die als Risse eines Pfeiles mit den Koordinaten $XYZLMN$ — des zum Kraftvektor gehörigen Bildpfeiles — in einem Raume von sechs Dimensionen angesehen werden.

Dieses Verfahren führt bei Benutzung der Methoden der gewöhnlichen darstellenden Geometrie und ihrer von P. H. SCHOUTE[3] gegebenen Erweiterung auf Räume von mehr als drei Dimensionen zu sehr übersichtlichen Konstruktionen der räumlichen graphischen Statik; die Verwertung zur graphischen Lösung von Problemen der räumlichen Kinematik steht noch aus.

[1] Jber. d. Vereinigt. Techn. Schulen Zwickau 1929/31.

[2] Ing.-Arch. Bd. 1 (1929) S. 100—115.

[3] Mehrdimensionale Geometrie. I. Teil: Die linearen Räume. (Sammlung Schubert Bd. 35.) Leipzig 1902.

20. Geschwindigkeitszustand. Die allgemeinste augenblickliche Bewegung des starren Körpers ist die Elementarschraubung[1]. Ihr Geschwindigkeitszustand ist entsprechend den sechs Freiheitsgraden der Bewegung eines freien starren Körpers im Raume durch sechs Koordinaten bestimmt. Als solche können z. B. gewählt werden die drei Schiebungen längs der Achsen eines räumlichen orthogonalen Achsenkreuzes und die drei Drehungen um diese Achsen. Für die Zwecke der zeichnerischen Darstellung des Geschwindigkeitszustandes ist es zweckmäßiger, diesen festzulegen durch Angabe eines Punktes der Schraubenachse (Spurpunkt g_ω in der Bildebene), des Vektors $\mathfrak{w}$ der Winkelgeschwindigkeit und der für alle Systempunkte gleichen Schiebungsgeschwindigkeit $\mathfrak{v}$, wo $\mathfrak{v} \parallel \mathfrak{w}$ ist[2].

Sei $\mathfrak{p}$ der von g_ω aus gemessene Ortsvektor zu dem beliebigen Systempunkte P, so ist seine Geschwindigkeit bei der Elementarschraubung

$$\mathfrak{v}_P = \mathfrak{v} + \mathfrak{w} \times \mathfrak{p}\,.$$

Für die zeichnerischen Zwecke ist es notwendig, die Geschwindigkeiten als *Strecken* (reduzierte Geschwindigkeiten) darzustellen. Wird $\mathfrak{v}_P$ durch den Betrag ω des Vektors $\mathfrak{w}$ dividiert, so ist der so erhaltene Vektor $\mathfrak{f}_P$ die reduzierte Geschwindigkeit des Punktes P.

Die reduzierte Schiebungsgeschwindigkeit $\mathfrak{f}$ ist ihrem Betrage nach gleich dem Schraubenparameter. Die auf Strecken reduzierte obige Gleichung lautet

$$\mathfrak{f}_P = \mathfrak{f} + \mathfrak{u} \times \mathfrak{p}\,, \tag{1}$$

wo $\mathfrak{u}$ den Einheitsvektor in der Richtung der Schraubenachse bedeutet.

Da bei der Konstruktion des statischen Momentes nach MAYOR und v. MISES die Länge des Momentenbildes noch mit der Abbildungskonstanten c zu multiplizieren ist, so ist es vorteilhaft, als Einheit des Vektors das Maß c zu wählen. Es bedeutet $\mathfrak{u} \times \mathfrak{p} = (-\mathfrak{p}) \times \mathfrak{u}$ das statische Moment des in der Schraubenachse liegenden Einheitsvektors $\mathfrak{u}$ um den Punkt P, das nach den Angaben in (17) oder (18) ermittelt werden kann. Die Konstruktion von $\mathfrak{f}_P$ aus den gegebenen, in dieselbe Gerade fallenden Bildern f, ω von $\mathfrak{f}$ und $\mathfrak{u}$ und aus g_ω zeigt Fig. 20. Darin bedeutet $O'(p)$ die Bildlänge des Vektors $\mathfrak{u} \times \mathfrak{p}$, g_P den Spurpunkt der durch P zu $\mathfrak{w}$

[1] Strenge und einfache Beweise dieses zuerst von G. MOZZI (1763) ausgesprochenen Satzes gaben CH. J. DE LA VALLÉE POUSSIN: Ann. Soc. Sci. Bruxelles Bd. 31 (A) (1907) S. 73—77. — POLI, C.: Rend. Istituto Lombardo Bd. 61 (1928) S. 387—390. — Die Existenz des Vektors $\mathfrak{w}$ beweisen L. BRAND: Amer. Math. Monthly Bd. 36 (1929) S. 374—376. — MILNE, E. A.: Philos. Mag. Bd. 5 (1928) S. 289—295.

[2] Der Geschwindigkeitszustand ist auch eindeutig bestimmt durch die Geschwindigkeit eines beliebigen Punktes des räumlichen Systems (Körpers) und durch den Vektor $\mathfrak{w}$, woraus die Lage der Schraubenachse und $\mathfrak{v}$ ermittelt werden können; oder auch durch die Geschwindigkeit eines Systempunktes, die Richtung der Geschwindigkeit eines zweiten Systempunktes und durch eine einen dritten Systempunkt enthaltende Ebene, in der dessen Geschwindigkeitsvektor liegen soll.

gezogenen Parallelen; das Bild von $\mathfrak{f}_P$ geht als geometrische Summe von $\mathfrak{f}$ und $\mathfrak{u} \times \mathfrak{p}$ durch den Schnittpunkt der entsprechenden Bilder, wobei jenes von $\mathfrak{u} \times \mathfrak{p}$ senkrecht steht auf $g_P\, g_\omega$ und den Antipol e_ω von ω enthält. Die Strecke $\overline{O'p}$ stellt dann die Länge des Bildes von $\mathfrak{f}_P$ dar; p ist der zum Punkte P gehörige Geschwindigkeitspunkt. Alle Punkte des Körpers, die zu dem gleichen Spurpunkte g_P führen, besitzen gleiche Geschwindigkeiten. Sie liegen auf der durch g_P zu $\mathfrak{w}$ gezogenen Parallelen.

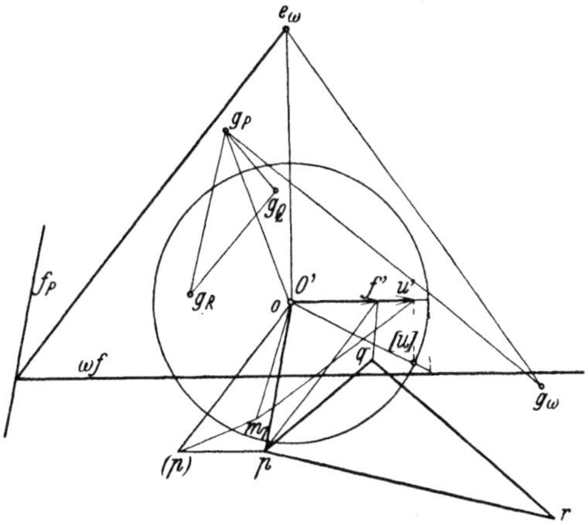

Fig. 20.

Die Konstruktion der zu weiteren Systempunkten Q, R, ... gehörigen Geschwindigkeitspunkte q, r, ... erfolgt durch Entwerfen eines Geschwindigkeitsplanes auf Grund des Ähnlichkeitssatzes von K. FEDERHOFER[1]:

Die Figur der Geschwindigkeitspunkte p, q, r, ... (Geschwindigkeitsplan mit dem Nullpunkte O') ist gleichsinnig ähnlich zu der den Systempunkten $P, Q, R, \ldots$ entsprechenden Figur der Spurpunkte $g_P, g_Q, g_R, \ldots$ und gegenüber dieser um $90°$ gedreht.

Die Figur der Geschwindigkeitspunkte stellt daher im Vereine mit dem Bilde von $\mathfrak{w}$ und dessen Antipole e_ω den vollständigen Geschwindigkeitsplan der Schraubenbewegung dar, aus dem die Geschwindigkeit jedes Systempunktes entnommen werden kann.

Eine besonders einfache Beschreibung des Geschwindigkeitszustandes ist dann möglich, wenn die Schraubenachse *senkrecht* steht auf der Bildebene, denn dann gilt der Satz[2]:

Das Bild der reduzierten Geschwindigkeit eines beliebigen Punktes P ist die Antipolare des Grundrisses P' in bezug auf einen um O' mit dem Halbmesser $\sqrt{c \cdot f}$ geschlagenen Kreis; die Bildlänge $\overline{O'p}$ stimmt mit $\overline{O'P'}$ überein.

Dabei ist die Figur der Spurpunkte $g_P\, g_Q \ldots$ identisch mit der Figur der Punkte $P'\, Q' \ldots$

Zwischen den Geschwindigkeiten der Punkte P, Q einer Geraden besteht die Beziehung
$$\mathfrak{v}_Q = \mathfrak{v}_P + \mathfrak{w} \times (\mathfrak{q} - \mathfrak{p});$$
die skalare Produktbildung mit $\mathfrak{q} - \mathfrak{p}$ liefert
$$\mathfrak{v}_Q \cdot (\mathfrak{q} - \mathfrak{p}) = \mathfrak{v}_P \cdot (\mathfrak{q} - \mathfrak{p}),$$

[1] Graphische Kinematik, S. 13, Satz XIII.
[2] FEDERHOFER, K.: a. a. O. S. 15.

wonach die Projektionen der Geschwindigkeiten aller Punkte einer *Geraden* auf diese selbst gleich groß sind. Aus diesen Gleichungen sind auch die bekannten Ähnlichkeitssätze von R. MEHMKE und L. BURMESTER zu entnehmen.

Wird bei der graphischen Darstellung der Gleichung (1) die dabei notwendige Momentenkonstruktion nach dem Verfahren von R. BEYER ausgeführt, so ergibt sich die in Fig. 21 dargestellte Lösung. Man wählt

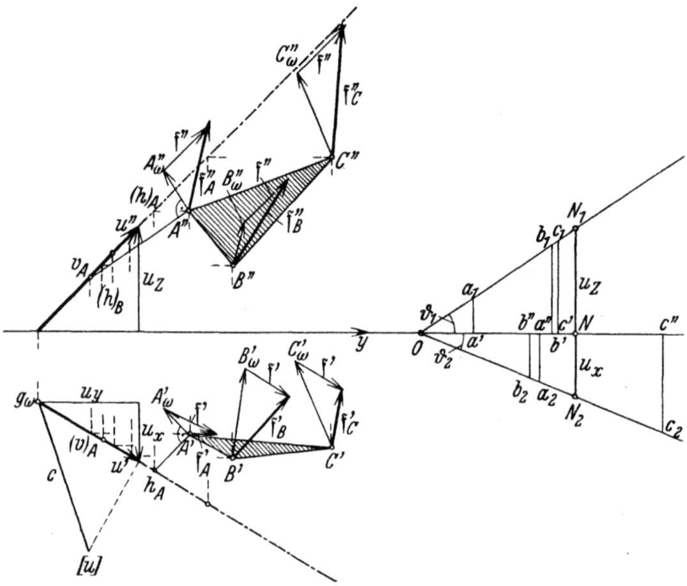

Fig. 21.

wieder das Maß c (Momentenkonstante) als Einheit des in der Schraubenachse liegenden, im Spurpunkte g_ω angesetzten Einheitsvektors $\mathfrak{u}$, so daß die Projektionen $u'u''$ seines Endpunktes u aus dessen Umlegung in die Bildebene: $g_\omega[u] = c$ bestimmt sind; die statischen Momente $\mathfrak{u} \times \mathfrak{p} \ldots$ werden für die einzelnen Systempunkte $A, B, C, \ldots$ mit Hilfe der ϑ-Linien (18) konstruiert und diesen die reduzierte Schiebungsgeschwindigkeit $\mathfrak{f}$ geometrisch hinzugefügt.

Der von E. STUDY in seiner „Geometrie der Dynamen“[1] eingeführte Motorbegriff gestattet nach R. v. MISES[2] eine besonders einfache geometrische Darstellung der Elementarschraubung. Diese ist ein sog. „Geschwindigkeitsmotor“ $\mathfrak{V}$ von der „Länge“ $\mathfrak{V}_n \equiv \mathfrak{v}$, von der „Öffnung“ $\mathfrak{V} \equiv \mathfrak{w}$ und vom „Moment“ $\mathfrak{V}_P \equiv \mathfrak{v}_P$ bezüglich P. Man nennt $\mathfrak{V}$ auch die erste, $\mathfrak{V}_P$ die zweite Vektorkomponente des Geschwindigkeitsmotors $\mathfrak{V}$, dessen „Achse“ mit der Schraubenachse zusammenfällt.

[1] S. 51ff. Leipzig: Teubner 1903.
[2] Z. angew. Math. Mech. Bd. 4 (1924) S. 155—181, 193—213.

Entsprechend der Auffassung einer momentanen Schraubenbewegung als Ergebnis zweier gleichzeitig ausgeführter momentanen Drehungen eines starren Körpers um windschiefe Achsen läßt sich die Geschwindigkeit eines jeden Punktes bei der Schraubenbewegung als geometrische Summe zweier Rotationsgeschwindigkeiten konstruieren. Bekanntlich bildet die Gesamtheit aller jener Geraden eines starren Körpers, in deren Punkten die Geschwindigkeiten senkrecht zu den entsprechenden Geraden sind, einen Komplex erster Ordnung (A). Wird nun als Achse der einen Rotation eine beliebige, diesem Komplexe nicht angehörende Gerade L gewählt, so ist die zweite Drehachse L_1 als die in bezug auf den Komplex (A) Konjugierte von L bestimmt[1].

21. Beschleunigungszustand. Die graphische Darstellung des Beschleunigungszustandes der momentanen Schraubenbewegung stützt sich auf die Zusammenhänge zwischen den Beschleunigungen der Systempunkte und der Winkelbeschleunigung, die sich durch einfache Vektorgleichungen ausdrücken lassen. Bedeutet $\frac{d\mathfrak{v}}{dt} = \mathfrak{b}$ die Beschleunigung der Schiebung, $\frac{d\mathfrak{w}}{dt} = \mathfrak{l}$ die Winkelbeschleunigung der Drehung, so sind diese Vektoren wegen $\mathfrak{w} \parallel \mathfrak{v}$ und $\mathfrak{w} + d\mathfrak{w} \parallel \mathfrak{v} + d\mathfrak{v}$ an den Zusammenhang gebunden

$$\mathfrak{w} \times \mathfrak{b} + \mathfrak{l} \times \mathfrak{v} = O,$$

woraus folgt: a) die in einem Punkt der Schraubenachse angesetzten Vektoren $\mathfrak{b}$ und $\mathfrak{l}$ liegen mit der Schraubenachse in einer Ebene (Λ); b) die zur Schraubenachse senkrechten Teile b_1 und l_1 der Vektoren $\mathfrak{b}$ und $\mathfrak{l}$ sind voneinander abhängig gemäß

$$\omega b_1 = v l_1;$$

c) die Vektoren $\mathfrak{b}\mathfrak{l}$ liegen auf derselben Seite des Vektors $\mathfrak{w}$, wenn $\mathfrak{w}$ und $\mathfrak{v}$ gleichsinnig gerichtet sind, und auf verschiedenen Seiten von $\mathfrak{w}$, wenn $\mathfrak{w}$ und $\mathfrak{v}$ gegensinnige Richtungen haben.

Ferner erfüllen die Spitzen der zum System $\mathfrak{w}\mathfrak{v}\mathfrak{l}$ bzw. $\mathfrak{w}\mathfrak{v}\mathfrak{b}$ gehörigen Beschleunigungsvektoren $\mathfrak{b}$ bzw. $\mathfrak{l}$ je eine zur Schraubenachse parallele Gerade B bzw. L durch die Endpunkte von b_1 bzw. l_1.

Sei ein Punkt C der Schraubenachse durch den Ortsvektor $\mathfrak{r}_C$, ein beliebiger Systempunkt B durch $\mathfrak{r}_B$ gegen den Aufpunkt O festgelegt, dann ergibt sich aus

$$\mathfrak{v}_B = \mathfrak{v} + \mathfrak{w} \times (\mathfrak{r}_B - \mathfrak{r}_C)$$

die Beschleunigung dieses Systempunktes zu

$$\mathfrak{b}_B = \frac{d\mathfrak{v}_B}{dt} = \mathfrak{b} + \mathfrak{w} \times \left(\frac{d\mathfrak{r}_B}{dt} - \frac{d\mathfrak{r}_C}{dt}\right) + \mathfrak{l} \times (\mathfrak{r}_B - \mathfrak{r}_C)\,.$$

[1] Vgl. G. Koenigs: Leçons de Cinématique, S. 116 (1897). — Ikornikoff, I.: Bull. Acad. Sci. Leningrad (7) 1930 Nr. 8 S. 773—784 (russ.). — Über die Anwendungen der Linienkomplexe in der Kinematik vgl. E. L. Rees: Amer. Math. Monthly Bd. 35 (1928) S. 296—299.

Hierin bedeutet $\frac{d\mathfrak{r}_C}{dt} = \dot{\mathfrak{r}}_C$ die „Wechselgeschwindigkeit" von C, welche die Richtung einer Tangente an die feste Achsenfläche hat. Nach Eintragen von $\mathfrak{v}_B$ und mit $\mathfrak{r}_B \equiv \mathfrak{r}_C$ ergibt sich daher die Beschleunigung des Achspunktes C zu:

$$\mathfrak{b}_C = \mathfrak{b} - \mathfrak{w} \times \dot{\mathfrak{r}}_C\,,$$

und jene des Systempunktes B zu:

$$\mathfrak{b}_B = \mathfrak{b}_C + \mathfrak{w} \times \mathfrak{w} \times (\mathfrak{r}_B - \mathfrak{r}_C) + \mathfrak{l} \times (\mathfrak{r}_B - \mathfrak{r}_C)\,.$$

Sonach besteht zwischen den Beschleunigungen zweier Systempunkte B und D die Beziehung:

$$\mathfrak{b}_D = \mathfrak{b}_B + \mathfrak{w} \times \mathfrak{w} \times (\mathfrak{r}_D - \mathfrak{r}_B) + \mathfrak{l} \times (\mathfrak{r}_D - \mathfrak{r}_B)\,. \qquad (1)$$

Demnach ist der Beschleunigungszustand der momentanen Schraubenbewegung bei bekanntem Vektor der Winkelgeschwindigkeit festgelegt durch die Beschleunigung eines beliebigen Punktes und durch die Winkelbeschleunigung.

Es bedeutet $\mathfrak{w} \times \mathfrak{w} \times (\mathfrak{r}_D - \mathfrak{r}_B)$ die Zentripetalbeschleunigung des Punktes D bei der Drehung um die durch den Punkt B gelegte Drehachse $\mathfrak{w}$, während der Vektor $\mathfrak{l} \times (\mathfrak{r}_D - \mathfrak{r}_B)$ jenen Beschleunigungsanteil angibt, der von der im Punkte B angesetzten Winkelbeschleunigung $\mathfrak{l}$ herrührt. Beide Teile zusammen ergeben die Beschleunigung $\mathfrak{b}_{DB}$ der relativen Bewegung von D gegen B; zur Abkürzung sei gesetzt:

$$\left.\begin{aligned} \mathfrak{b}_{DB,1} &= \mathfrak{w} \times \mathfrak{w} \times (\mathfrak{r}_D - \mathfrak{r}_B)\,, \\ \mathfrak{b}_{DB,2} &= \mathfrak{l} \times (\mathfrak{r}_D - \mathfrak{r}_B)\,, \\ \text{so daß} \qquad \mathfrak{b}_{DB} &= \mathfrak{b}_{DB,1} + \mathfrak{b}_{DB,2}\,. \end{aligned}\right\} \qquad (2)$$

Von dem besonderen Falle $\mathfrak{w} \parallel \mathfrak{l}$ abgesehen, gibt es einen einzigen Punkt, den Beschleunigungspol P, für den die Beschleunigung verschwindet; seine Kenntnis vereinfacht die Darstellung des Beschleunigungszustandes.

Sei $\mathfrak{r}_P$ der Ortsvektor von P, so folgt aus

$$\mathfrak{b}_P = 0 = \mathfrak{b}_C + \mathfrak{w} \times \mathfrak{w} \times (\mathfrak{r}_P - \mathfrak{r}_C) + \mathfrak{l} \times (\mathfrak{r}_P - \mathfrak{r}_C)$$

für die Beschleunigung $\mathfrak{b}_B$ die Gleichung:

$$\mathfrak{b}_B = \mathfrak{w} \times \mathfrak{w} \times (\mathfrak{r}_B - \mathfrak{r}_P) + \mathfrak{l} \times (\mathfrak{r}_B - \mathfrak{r}_P)\,. \qquad (3)$$

Hiernach verteilen sich die Beschleunigungen um den Pol P so, als wenn in diesem festgehalten gedachten Punkte die Vektoren $\mathfrak{w}$ und $\mathfrak{l}$ angebracht wären.

Bei der zeichnerischen Darstellung des Beschleunigungszustandes werden die Beschleunigungen als Strecken — „reduzierte Beschleunigungen" — aufgetragen nach den Beziehungen

$$\mathfrak{y}_B = \frac{\mathfrak{b}_B}{\omega^2}\,, \qquad \mathfrak{y}_D = \frac{\mathfrak{b}_D}{\omega^2}\,,$$

so daß $\qquad \mathfrak{y}_B = \mathfrak{u} \times \mathfrak{u} \times (\mathfrak{r}_B - \mathfrak{r}_P) + \mathfrak{l}_r \times (\mathfrak{r}_B - \mathfrak{r}_P)\,,$

wenn $\mathfrak{l}_r = \frac{\mathfrak{l}}{\omega^2}$ den Vektor der „reduzierten Winkelbeschleunigung" bedeutet, dessen Betrag eine reine Zahl ist. Die Konstruktion der reduzierten Beschleunigungen bei gegebenem Beschleunigungspole P und gegebenen Vektoren $\mathfrak{u}$ und $\mathfrak{l}_r$ läuft auf die Konstruktion des vom Systempunkte auf die Schraubenachse gefällten Lotes (dessen Länge übereinstimmt mit der reduzierten Zentripetalbeschleunigung) und auf die Ermittlung eines statischen Momentes (reduzierter Beschleunigungsanteil infolge der Winkelbeschleunigung) hinaus, wozu sich die in (17) und (18) angegebenen Verfahren eignen. Umgekehrt läßt sich aus den gegebenen Vektoren $\mathfrak{u}$, $\mathfrak{l}_r$ und der reduzierten Beschleunigung eines Systempunktes auf linearem Wege der Beschleunigungspol P konstruieren.

Die bezüglichen Konstruktionen führt K. FEDERHOFER[1] mit Benutzung des Abbildungsverfahrens von MAYOR-V. MISES durch und zeigt auch die besonderen Vereinfachungen, die sich mit den Annahmen a) $\mathfrak{u} \perp$ Bildebene, b) $\mathfrak{u} \perp$ Bildebene und $\mathfrak{l}_r$ parallel zur Aufrißebene ergeben. Andere Konstruktionen für den Beschleunigungspol wurden angegeben von E. STÜBLER[2] und TH. PÖSCHL[3].

Nach Gleichung (3) bilden die Punkte des bewegten Systems und die zugehörigen Beschleunigungspunkte (d. s. die Endpunkte der in einem festen Punkt angesetzten Beschleunigungsvektoren) zwei affine Systeme. Die Affinität ist durch die Beschleunigungen von vier nicht in einer Ebene liegenden Systempunkten $ABCD$ festgelegt; die Beschleunigung eines beliebigen fünften Punktes G wird bestimmt, indem man zunächst die Beschleunigung jenes Hilfspunktes H konstruiert, in welchem die Linie GD die Ebene ABC schneidet und sodann aus der Beschleunigung der Punkte D und H jene des auf DH liegenden Punktes G aufsucht[4].

Fällt die Gerade BD mit der Schraubenachse zusammen, so gilt nach Gleichung (1):

$$\mathfrak{b}_D = \mathfrak{b}_B + \mathfrak{l} \times (\mathfrak{r}_D - \mathfrak{r}_B),$$

woraus folgt, daß die Beschleunigungspunkte der in die Schraubenachse fallenden Systempunkte auf einer zur Ebene Λ senkrechten Geraden liegen.

---

1 Graphische Kinematik und Kinetostatik, S. 19—27 — Z. angew. Math. Mech. Bd. 7 (1927) S. 290—298.

2 Jber. Deutsch. Math.-Vereinig. Bd. 19 (1910) S. 179.

3 Z. Math. Phys. Bd. 63 (1915) S. 246.

4 FEDERHOFER, K.: a. a. O. S. 27—29. Einige analytisch gelöste Aufgaben über den Geschwindigkeits- und Beschleunigungszustand der Schraubenbewegung findet man bei C. SPELTA: Giorn. mat. Napoli Bd. 48 [(3), 1] (1910) S. 37—45. — P. FIELD [Bull. Amer. Math. Soc. Bd. 22 (1915) S. 122—125] zeigt, daß bei gegebenen Beschleunigungen von drei Punkten eines Körpers jene eines nicht in deren Ebene gelegenen vierten Punktes im allgemeinen zweideutig ist und daß es im allgemeinen vier in einfacher Beziehung stehende Systeme von Werten der Winkelgeschwindigkeit und der Winkelbeschleunigung gibt, welche zu denselben Beschleunigungen für die Punkte in einer gegebenen Ebene führen.

Aus $\mathfrak{b}_C = \mathfrak{b} - \mathfrak{w} \times \dot{\mathfrak{r}}_C$ folgt

$$\mathfrak{w} \cdot \mathfrak{b}_C = \mathfrak{w} \cdot \mathfrak{b},$$

wonach die Projektionen der Beschleunigungen der auf der Schraubenachse liegenden Systempunkte auf die Achse gleich sind der Komponente der Schiebungsbeschleunigung in der Achsrichtung. Der Zentralpunkt A der Schraubenachse ist der Fußpunkt ihres kürzesten Abstandes von der darauffolgenden Schraubenachse; seine Wechselgeschwindigkeit $\dot{\mathfrak{r}}_A$ steht senkrecht auf der Ebene Λ. Die im Zentralpunkte A durch die Achse und den Vektor der Wechselgeschwindigkeit gelegte Ebene ist die Tangentialebene an die Achsenfläche im Punkte A; es ist

$$\mathfrak{b}_A = \mathfrak{b} - \mathfrak{w} \times \dot{\mathfrak{r}}_A;$$

daher liegt $\mathfrak{b}_A$ in der Ebene Λ. Diese Ergebnisse ermöglichen einfache Konstruktionen für den Zentralpunkt A sowie für seine Wechselgeschwindigkeit und Beschleunigung, wenn der Geschwindigkeitszustand (durch $\mathfrak{w}$ und $\mathfrak{v}$) und der Beschleunigungszustand (durch den Pol P und $\mathfrak{l}$) gegeben sind[1].

Die Endpunkte der im Zentralpunkte angesetzten Wechselgeschwindigkeiten aller Punkte der Schraubenachse liegen auf einer Geraden, die durch den Endpunkt von $\dot{\mathfrak{r}}_A$ geht und parallel ist zur Normalen der Achsenfläche im Zentralpunkte A; seine Wechselgeschwindigkeit $\dot{\mathfrak{r}}_A$ ist die kleinste aller Wechselgeschwindigkeiten.

Die *Krümmungsmittelpunkte der Bahnen* der *Systempunkte.* Durch den im vorstehenden beschriebenen Geschwindigkeits- und Beschleunigungszustand der Elementarschraubung sind die Krümmungsmittelpunkte der Bahnen der Systempunkte vollkommen bestimmt. Bei deren Konstruktion erweist sich die Benutzung des Abbildungsverfahrens nach MAYOR-v. MISES besonders vorteilhaft, da die Bedingung für die Orthogonalität der Tangente, Hauptnormale und Binormale nach den Sätzen (4—6) in (17) zeichnerisch sehr einfach zu erfüllen ist.

Der auf der Hauptnormalen der Bahn des Punktes B liegende Krümmungsmittelpunkt Ω (bzw. der Krümmungshalbmesser $\varrho = \overline{B\Omega}$) wird aus der Zentripetalbeschleunigung $\mathfrak{b}_{B,1} = \frac{v_B^2}{\varrho} = \overrightarrow{BN}$ konstruiert. Bestimmt man auf der Normalen den Gegenpunkt N_1 von N bezüglich B, indem $\overline{BN} = \overline{BN_1}$ gemacht wird, zieht im Endpunkte b_1 von $\mathfrak{v}_B$ die Normale zu $N_1 b_1$ in der Schmiegungsebene — ihr Bild muß durch den Antipol von $N_1 b_1$ und durch den Bildpunkt der Schmiegungsebene gehen —, so schneidet diese die Normale der Bahnkurve im Krümmungsmittelpunkte Ω.

W. HARTMANN[2] hat sein auf die SAVARYsche Gleichung begründetes

[1] FEDERHOFER, K.: a. a. O. S. 29—32.

[2] Die Maschinengetriebe Bd. 1 S. 391—406. Stuttgart und Berlin: Deutsche Verlagsanstalt 1913. — Vgl. auch eine Bemerkung von A. PELLET: Nouv. Ann. Math. Bd. 8 (4) (1908) S. 331.

Verfahren zur Aufsuchung der Krümmungskreise der Punktbahnen bei der ebenen Systembewegung (vgl. 3) auch auf die Kugel übertragen, wobei die im augenblicklichen Drehpol der sphärischen Bewegung gelegte Tangentialebene an die Einheitskugel als Konstruktionsfeld für die Krümmungshalbmesser dient. In der kinematischen Geometrie des Raumes besteht nach M. DISTELI[1] ein räumliches Analogon zur SAVARYschen Gleichung und ihrer Konstruktion, welches die bekannten Anwendungen in der ebenen und sphärischen Bewegung als Sonderfälle enthält.

Wird der Geschwindigkeits- und Beschleunigungszustand des freien räumlichen Systems durch die Geschwindigkeiten und Beschleunigungen einzelner Systempunkte festgelegt, so sind gewisse Beschränkungen zu beachten, und es ist u. a. die Wahl der Beschleunigungen zweier Systempunkte nicht mehr völlig willkürlich. Werden nämlich die Beschleunigungspunkte β und δ der im Punkte B angesetzten Vektoren $\mathfrak{b}_B$ und $\mathfrak{b}_D$ auf die Richtung BD projiziert, wodurch sich die Punkte $\beta'\delta'$ ergeben, so läßt sich zeigen, daß

$$\overline{B\delta'} = \overline{B\beta'} - \frac{v_{DB}^2}{\overline{BD}}\,.$$

Da der absolute Wert des letzten Gliedes nur positiv sein kann, so besagt diese Gleichung, daß BD und $\beta'\delta'$ *entgegengesetzte Richtungen* haben und daß die Projektionen beider Beschleunigungen auf BD mit der relativen Geschwindigkeit der Punkte B und D in einem bestimmten, durch obige Gleichung gegebenen Zusammenhange stehen müssen.

22. Eigenschaften der Beschleunigungssysteme des starren räumlichen Systems. Kennt man die geometrischen Elemente einer Schraubenbewegung für zwei aufeinanderfolgende Zeitteilchen, und zwar die zugehörigen Schraubenachsen und ihre Parameter, ferner den Drehvektor $\mathfrak{w}$ im ersten Zeitelemente, so kann man nach den Eigenschaften der mit dieser Bewegung des starren räumlichen Systems verträglichen Beschleunigungssysteme fragen. Da bei festen Werten $\mathfrak{w}$ und $\mathfrak{v}$ die Spitzen der Vektoren $\mathfrak{b}$ und $\mathfrak{l}$ auf Parallelen zur Schraubenachse liegen, so gelten für zwei Paare von Beschleunigungsvektoren $(\mathfrak{b}\mathfrak{l}, \mathfrak{b}^1\mathfrak{l}^1)$, die zum gleichen Geschwindigkeitszustande gehören, die Beziehungen

$$\mathfrak{l}^1 = \mathfrak{l} + \lambda\mathfrak{w}\,, \qquad \text{(a)}$$

$$\mathfrak{b}^1 = \mathfrak{b} + \mu\mathfrak{w}\,, \qquad \text{(b)}$$

wo λ und μ skalare Größen bedeuten, die durch den Schraubenparameter α gemäß $\mu = \alpha\lambda$ verknüpft sind. Somit kann Gleichung (a) auch ersetzt werden durch

$$\mathfrak{b}^1 = \mathfrak{b} + \lambda\mathfrak{v}\,. \qquad \text{(c)}$$

[1] Z. Math. Phys. Bd. 62 (1914) S. 261—309. Vgl. auch (30).

Nach den Gleichungen (a) und (c) schneiden sich die Verbindungslinien der Endpunkte aller Vektorenpaare $\mathfrak{b}\mathfrak{l}$ in einem Punkte der Schraubenachse. Da nun

$$\mathfrak{b}_B = \mathfrak{b}_C + \mathfrak{w} \times \mathfrak{w} \times (\mathfrak{r}_B - \mathfrak{r}_C) + \mathfrak{l} \times (\mathfrak{r}_B - \mathfrak{r}_C),$$

so folgt, indem man eine analoge Gleichung für $\mathfrak{b}_B^1$ aufschreibt, bei Beachtung der Gleichung (a) und wegen $\mathfrak{v}_B = \mathfrak{w} \times (\mathfrak{r}_B - \mathfrak{r}_C)$

$$\mathfrak{b}_B^1 = \mathfrak{b}_B + \lambda\, \mathfrak{v}_B. \qquad \text{(d)}$$

Diese Gleichung besagt:

Für alle bei der gegebenen Schraubenbewegung möglichen Beschleunigungssysteme liegen die Endpunkte der Beschleunigungen der Systempunkte auf ähnlichen Punktreihen; die Träger dieser Reihen sind parallel zu den Bahntangenten der Systempunkte[1]. Die Gleichung (d) behält nach H. WINTER auch für ebene und räumliche kinematische Ketten ihre Gültigkeit. (Vgl. 42.)

VII. Das geführte räumliche System.

23. Bewegungsbeschränkungen des starren Körpers. Der im Raume vollkommen freie Körper hat sechs Freiheitsgrade der Bewegung. In den technischen Anwendungsgebieten, bei denen die räumliche Bewegung eine Rolle spielt, kommen indes fast ausschließlich die nichtfreien (gebundenen) Bewegungen in Frage, deren Freiheitsgrad infolge der Beschränkungen oder Bedingungen, die der Beweglichkeit auferlegt werden, kleiner als sechs ist. Diese Beschränkungen bestehen im wesentlichen darin, daß Punkte des Körpers genötigt werden, sich auf vorgeschriebenen Flächen oder Kurven zu bewegen, oder daß der Körper während der Bewegung gegebene Flächen dauernd berühren soll. Der Freiheitsgrad der gebundenen Bewegung ist daher $f = 6 - b$, wenn b eine durch die Art der Bewegungsbeschränkung bestimmte ganze Zahl ist, die zwischen 1 und 6 liegt.

A. GRÜNWALD[2] hat für jeden Grad der Bewegungsfreiheit alle Typen der möglichen instantanen Bewegungen zusammengestellt, wobei sich jeder Typus durch einen einfachen, genau beschriebenen Mechanismus verwirklichen läßt. Dadurch können die oft unübersichtlichen, die Bewegungsfreiheit einschränkenden Bedingungen in anschaulicher Weise dargestellt werden; für jeden Freiheitsgrad werden die Typen nach der Zahl der dem beweglichen Körper gestatteten voneinander unabhängigen

[1] Die Ergebnisse in (22) verdankt man mit etwas geänderter Herleitung E. STÜBLER (vgl. die Fußnote 2 auf S. 55); mit deren Benutzung zeigt E. STÜBLER eine Konstruktion der Krümmungsachse der Systempunkte und der Wendekurve, des geometrischen Ortes der Punkte, die momentan Wendepunkte beschreiben (kubische Parabel).

[2] Z. Math. Phys. Bd. 52 (1905) S. 229—275. Die Arbeit führt in elementarer Weise in den Abschnitt Kinematik von STUDYS Geometrie der Dynamen ein.

Translationen geordnet. Durch geeignete Kombinationen mehrerer (höchstens fünf) einfacher Typen (Schraube vom Parameter p mit den Sonderfällen $p = 0$ und $p = \infty$) kann jeder Fall von beschränkter Bewegungsmöglichkeit eines starren Körpers verwirklicht werden.

Mit Benutzung neuerer synthetisch-geometrischer Methoden gelingt G. HAENZEL[1] eine einfache und anschauliche Behandlung der Theorie der Freiheitsgrade eines starren Körpers und die Weiterentwicklung der bekannten BALLschen Theorie[2]; seine Untersuchung fußt auf der von F. KLEIN[3] begründeten und später von TH. REYE[4] und anderen ausgestalteten Theorie füreinander nullinvarianter linearer Strahlenkomplexe und enthält auch die organische Eingliederung der in den grundlegenden Arbeiten von BALL ausgeschlossenen oder nur beiläufig erwähnten Sonderfälle bei den verschiedenen Freiheitsgraden.

Die wichtigste der gebundenen Bewegungen ist die *zwangläufige* Bewegung eines starren Körpers mit dem Freiheitsgrade 1, bei der jeder Punkt eine ganz bestimmte Kurve beschreibt. Da die Führung eines Punktes auf einer gegebenen Fläche einen Freiheitsgrad aufhebt, so ergibt sich Zwanglauf, falls fünf Punkte des Körpers auf fünf gegebenen voneinander unabhängigen Flächen geführt werden (Fünfpunktführung). Einer einfachen Konstruktion zugänglich sind indes jene Fälle der Bewegungsbeschränkung, in denen einzelne Punkte des Körpers auf gegebenen *Kurven* geführt werden. Eine Führungskurve kann als Schnitt zweier Flächen angesehen werden, es bedingt daher eine Kurvenführung die Verminderung des Freiheitsgrades der Bewegung um zwei Freiheiten. Sind drei Punkte des Körpers an gegebene Flächen gebunden, ein vierter an eine Kurve, dann ist diese sog. Vierpunktführung zwangläufig. Eine zwangläufige Dreipunktführung liegt vor, wenn zwei Punkte des Körpers in Kurven geführt werden, ein dritter auf einer Fläche. Die Festhaltung eines Punktes des Körpers vernichtet drei von den sechs Freiheitsgraden, demnach entspricht der sphärischen Bewegung der Freiheitsgrad 3; der Körper kann sich um jede durch den festen Punkt gelegte Achse drehen, und die Bahnen der Systempunkte sind sphärische Kurven. Für die darstellend-geometrische Behandlung der sphärischen Bewegung erweist sich nach K. MACK[5] die gnomonische Ab-

[1] Zur synthetischen Theorie der Mechanik starrer Körper. Diss. Techn. Hochsch. Berlin 1927 (mit Angaben über die Arbeiten von ST. JOLLES, E. STUDY, TH. REYE, E. WAELSCH zur Strahlentheorie); auch abgedruckt in den S.-B. Berlin. math. Ges. 1927 S. 126—161.

[2] A treatise on the theorie of screws. Cambridge 1900. — KLEIN, F.: Math. Ann. Bd. 62 (1906) S. 419—448.

[3] Gesammelte math. Abh. Bd. 1 S. 56, 84. Berlin 1921. — Math. Ann. Bd. 2 (1869) S. 198—226.

[4] Geometrie der Lage. I. Abt. Leipzig 1909, II. Abt. Stuttgart 1907, III. Abt. Leipzig 1910.

[5] Geometrie der Getriebe, S. 57ff. Berlin u. Wien: Julius Springer 1931.

bildung besonders vorteilhaft. Wird einem Systempunkt seine sphärische Bahn vorgeschrieben, so entsteht die sphärische flächenläufige Bewegung (sphärische Bewegung mit zwei Parametern). Der Ort der ∞^1 augenblicklichen Drehachsen für die von zwei Parametern abhängige sphärische Bewegung ist eine durch den festen Drehpunkt O gehende Ebene; die darauf in O errichtete Normale bestimmt in ihren Durchstoßpunkten $P_0 P$ mit der festen und beweglichen Kugeloberfläche (S_0), (S) vom Halbmesser 1 (Mittelpunkt O) eine punktweise Zuordnung, von der R. BRICARD[1] beweist, daß jeder von P_0 auf S_0 beschriebenen geschlossenen Kurve eine von P auf S beschriebene geschlossene Kurve entspricht und daß beide Kurven gleiche Flächen einschließen.

Werden bei der sphärischen Bewegung eines Körpers zwei Systempunkte zur Bewegung auf gegebenen sphärischen Kurven gezwungen, dann büßt die Bewegung zwei weitere Freiheitsgrade ein, es bleibt eine zwangläufige sphärische Bewegung. Durch diese ist eine punktweise Zuordnung der momentanen Drehpole im sphärischen Rast- und Gangsystem derart bestimmt, daß die sphärischen Polkurven der beiden Systeme, die aufeinander rollen, jeweils gleiche Bogenlängen haben.

Ein Körper mit vier flächengeführten Punkten besitzt zwei Freiheitsgrade der Bewegung, die sich aus zwei Drehungen um die beiden Leitlinien der durch die vier Flächennormalen bestimmten Kongruenz zusammensetzen läßt (Rotationsachsen von TH. SCHÖNEMANN). Ein beliebiger Punkt des Körpers bewegt sich augenblicklich in einem bestimmten Flächenelemente; eine lineare Konstruktion der Flächennormale, die auch bei imaginären SCHÖNEMANNschen Rotationsachsen anwendbar bleibt, stammt von H. VERGNE[2].

Bei den Bewegungen eines Systems mit drei oder vier Parametern und bei gewissen Ausnahmsstellungen des Systems mit fünf Parametern gibt es Systempunkte, die nicht alle bei den gegebenen Führungsbedingungen möglichen Lagen im Raume einnehmen können; sie bewegen sich dann auf ihren „Grenzflächen". Die Frage nach dem Orte dieser Punkte, die bereits von A. MANNHEIM[3] angeschnitten wurde, erfuhr präzise Beantwortung durch H. J. E. BETH[4], der nachwies, daß diese Punkte auf jenen Geraden liegen, welche die Achsen aller Elementardrehungen schneiden, die bei den gegebenen Bewegungsbeschränkungen in jeder Stellung möglich sind. Im Falle von drei Parametern sind es im allgemeinen die Punkte eines gewissen Hyperboloides, im Falle von vier

---

[1] C. R. Acad. Sci., Paris Bd. 166 (1918) S. 734—735 — Nouv. Ann. Math. Bd. 82 (5) (1924) S. 328—341. — E. CARTAN beweist den obigen Satz mit Hilfe der Methode des beweglichen Dreikants. Nouv. Ann. Math. Bd. 83 (6) (1925) S. 33—37. Vgl. auch J. PÉRÈS: C. R. Acad. Sci.. Paris Bd. 182 (1926) S. 680—682.

[2] Bull. Sci. math. Bd. 37 (2) (1913) S. 121—123.

[3] Principes et développements de géometrie cinématique, S. 315, 427. Paris 1894.

[4] Bull. Sci. math. Bd. 51 (2) (1927) S. 298—302.

Parametern die Punkte der beiden Leitlinien einer gewissen linearen Strahlenkongruenz, bei fünf Parametern gibt es im allgemeinen keine Punkte, die auf einer Grenzfläche liegen. Ein spezielles System mit fünf Parametern bildet der *Körper konstanter Breite*, der zwischen zwei parallelen Ebenen so bewegt wird, daß er dieselben stets berührt. Er ist von einer konvexen, geschlossenen Fläche konstanter Breite begrenzt. Die Theorie dieser Flächen bzw. Kurven konstanter Breite, die für die Untersuchung der selbständigen höheren Elementenpaare wichtig ist, wurde besonders gefördert u. a. durch E. MEISSNER[1], W. BLASCHKE[2], G. TIERCY[3] und H. MINKOWSKI[4]. Nach letzterem ist jede Fläche konstanter Breite auch Fläche konstanter Profillänge und umgekehrt[5].

24. Geschwindigkeitszustand. In systematischer Weise untersucht K. FEDERHOFER[6] auf graphischem Wege den Geschwindigkeitszustand eines Körpers, der infolge entsprechender Führung von Punkten (vgl. 23) eine zwangläufige Bewegung ausführt; dabei wird durchwegs das Abbildungsverfahren von MAYOR-V. MISES verwendet. Liegt z. B. eine Dreipunktführung vor, d. h. sind zwei Punkte A, B auf vorgeschriebenen Raumkurven geführt, ein dritter Punkt C auf einer beliebigen Fläche, so ist der Geschwindigkeitszustand eindeutig bestimmt, wenn noch die *Größe* der Geschwindigkeit eines Punktes, z. B. jene des Punktes A gewählt wird, die in die Richtung der Tangente der Führungskurve A fällt.

Die für die Lösung dieser Aufgabe gefundene einfache Konstruktion, welche die Anlage eines Geschwindigkeitsplanes gestattet, kann auch dazu dienen, aus den *gegebenen* Geschwindigkeiten *dreier* Punkte eines starren Körpers, die nicht in einer Geraden liegen dürfen, die Elemente der entsprechenden Schraubenbewegung ($\mathfrak{v}$, $\mathfrak{w}$, g_ω) zu konstruieren.

Für die *Vierpunktführung*, bei der ein Punkt A auf einer Raumkurve, drei weitere Punkte B, C, D auf vorgeschriebenen Flächen geführt werden, läßt sich der mit der Annahme von $\mathfrak{v}_A$ bestimmte Geschwindigkeitszustand zeichnerisch mit Hilfe der geradlinigen Orte für die Geschwindigkeitspunkte b, c, d, die den Systempunkten B, C, D zugehören, und der darauf befindlichen ähnlichen Punktreihen ermitteln.

Dieses Verfahren gestattet auch eine einfache Konstruktion des Bildes der Achse der Kongruenz bei der Führung des Körpers auf vier Flächen.

[1] Z. Math. Phys. Bd. 60 (1912) S. 92—94. Dort finden sich weitere Literaturangaben und Beschreibungen von drei Gipsmodellen, die im Verlage M. Schilling, Leipzig, Serie XL, 1—3 erschienen sind.

[2] Math. Ann. Bd. 76 (1915) S. 504—513.

[3] Tôhoku Math. J. Bd. 18 (1920) S. 90—115 — C. R. des Séanc. de Genève Bd. 40 (1923) S. 106—112, 128—130 — Giorn. mat. Napoli Bd. 57 (1919) S. 153 bis 164.

[4] Gesammelte Abh. Bd. 2 S. 277—279.

[5] Demnach läßt sich ein aus vollkommen biegsamem Material hergestellter Zylinder in jeder Richtung so über die Fläche stülpen, daß er sich längs seines ganzen Umfanges an die Fläche anschließt.

[6] a. a. O. S. 38—51.

Man ermittelt für zwei willkürliche Annahmen der in der Führungsebene von A gelegenen Geschwindigkeit dieses Punktes die Antipole e_ω und e_ω^1 der zugehörigen Schraubenachsen und erhält in der Geraden $e_\omega\, e_\omega^1$ das Bild der Achse der Kongruenz.

Schließlich kann diese Konstruktion zur Aufsuchung der Schraubenachse bei der zwangläufigen Fünfpunktführung benutzt werden; man wählt aus den fünf gegebenen Normalen der Führungsflächen zwei Gruppen aus zu je Vieren und bestimmt für jede Gruppe den Antipol der Achse der ihr entsprechenden Kongruenz; die Verbindungslinie dieser beiden Antipole ergibt bereits das Bild der Schraubenachse; damit ist aber auch der Schraubenparameter, der Drehvektor $\mathfrak{w}$ und der Spurpunkt g_ω der Schraubenachse bestimmt.

25. Beschleunigungszustand. Auch für die Darstellung des Beschleunigungszustandes des geführten räumlichen Systems erweist sich das Abbildungsverfahren von MAYOR-V. MISES sehr zweckmäßig[1]. Liegt z. B. eine Dreipunktführung vor, so ist durch den in (24) konstruierten Geschwindigkeitszustand und durch die beliebig gewählte Tangentialbeschleunigung $\mathfrak{b}_{A,2}$ des Punktes A der Beschleunigungszustand eindeutig bestimmt.

Die Konstruktion der Beschleunigung $\mathfrak{b}_B$ des auf einer Raumkurve geführten Punktes B stützt sich auf die Vektorgleichungen

$$\mathfrak{b}_B = \mathfrak{b}_{B,1} + \mathfrak{b}_{B,2} = \mathfrak{b}_A + \mathfrak{b}_{BA,1} + \mathfrak{b}_{BA,2}\,.$$

Faßt man hierin die bekannte Beschleunigung $\mathfrak{b}_A$ mit der durch den Geschwindigkeitszustand bestimmten absoluten und relativen Normalbeschleunigung $\mathfrak{b}_{B,1}$ und $\mathfrak{b}_{BA,1}$ des Punktes B zu einem Vektor $\mathfrak{r}$ zusammen, so daß $\mathfrak{r} = \mathfrak{b}_A + \mathfrak{b}_{BA,1} - \mathfrak{b}_{B,1}$ und daher nach den obigen Gleichungen $\mathfrak{r} = \mathfrak{b}_{B,2} - \mathfrak{b}_{BA,2}$ wird, so kann die hiernach verlangte Zerlegung von $\mathfrak{r}$ ausgeführt werden, da die absolute Tangentialbeschleunigung mit $\mathfrak{v}_B$ zusammenfällt und $\mathfrak{b}_{BA,2} \perp AB$ stehen muß. Die geordnete Zusammensetzung der nun bestimmten Beschleunigungsteile liefert die absolute Beschleunigung $\mathfrak{b}_B$.

Die Konstruktion der Beschleunigung $\mathfrak{b}_C$ des auf einer Fläche geführten Punktes C erfolgt sodann mit Hilfe der nach dem obigen Schema aufzuschreibenden Vektorgleichungen für $\mathfrak{b}_C$ in einem Beschleunigungsplane; dabei findet der aus dem Theorem von MEUNIER folgende Hilfssatz von K. FEDERHOFER[1] Verwendung: Für alle im Punkte C durch $\mathfrak{v}_C$ gelegten schiefen Schnitte der Führungsfläche liegen die Endpunkte der in C angesetzten Normalbeschleunigungen in einer Geraden, die zum Normalschnitte senkrecht steht und durch einen Punkt C_1 auf $C\Omega_0$ geht, der durch $CC_1 \cdot C\Omega_0 = v_C^2$ bestimmt ist, wobei $\overrightarrow{CC_1}$ die Richtung $\overrightarrow{C\Omega_0}$ hat. Ω_0 bedeutet den Krümmungsmittelpunkt des durch $\mathfrak{v}_C$ und durch

[1] FEDERHOFER, K.: Kinematik, S. 45—47. Eine vollständige Konstruktion des Beschleunigungszustandes der Dreipunktführung findet man dort in Abb. 37.

die gegebene Flächennormale gelegten Normalschnittes. Die durch $\mathfrak{v}_C$ gelegte Parallelebene zu $\mathfrak{b}_C$ liefert die Schmiegungsebene der Bahn des Punktes C; ihr Krümmungsmittelpunkt Ω_C ist der Fußpunkt des Lotes aus Ω_0 auf diese Ebene.

VIII. Räumliche kinematische Ketten und Getriebe.

26. Einteilung und Bedingungen für ihren Zwanglauf. Je nach der Art der die einzelnen Glieder einer Raumkette verbindenden Elementenpaare unterscheidet man a) Raumketten mit nur einfachen Elementenpaaren, das sind Elementenpaare mit *einem* Freiheitsgrade (Schraubenpaar mit den Sonderfällen des Dreh- und Schiebepaares); b) Raumketten, in welchen auch Elementenpaare mit mehreren Freiheitsgraden vorkommen (Kreuzgelenk, Drehschiebepaar, Kreuzschieber, kardanische Aufhängung, Kugelgelenk usw.). *Einfache* Raumketten enthalten ausschließlich binäre Glieder, in den *zusammengesetzten* Raumketten kommen auch ternäre und höhere Glieder vor. Sind in einer Gruppe von Gliedern einer Raumkette die aufeinanderfolgenden Glieder paarweise miteinander verbunden und schließt sich das letzte Glied der Gruppe wieder an das erste an, so liegt nach M. GRÜBLER eine *geschlossene* Gliedergruppe vor. Eine einfache Kette besteht daher aus *einer* geschlossenen Gliedergruppe.

Die Zwangläufigkeit der räumlichen kinematischen Ketten, mit deren Feststellung sich neuere Untersuchungen von M. GRÜBLER[1] und R. MÜLLER[2] befassen, ist von den Abmessungen der Glieder und von den Schraubenparametern völlig unabhängig, sie ist im allgemeinen lediglich abhängig von der Zahl der Glieder und der sie beweglich verbindenden Elementenpaare. M. GRÜBLER beweist, daß alle allgemeinen geschlossenen *Schraubenketten* von n Gliedern und s Schraubenpaaren zwangläufig beweglich sind, wenn sie der Bedingung

$$5s - 6n + 7 = 0 \tag{1}$$

genügen und wenn sie keine geschlossenen Gliedergruppen von weniger als sieben Gliedern enthalten. Die niedrigste ganzzahlige Lösung dieser Gleichung für n und s ist $n = s = 7$.

Nach R. BEYER[3] findet man alle möglichen ganzzahligen Wertepaare n, s aus

$$s = 7 + 6\lambda, \qquad n = 7 + 5\lambda,$$

wo λ alle positiven ganzen Zahlen durchläuft.

---

[1] Festschrift zu O. Mohrs 80. Geburtstag, S. 124—133. Berlin: W. Ernst 1916 — Z. angew. Math. Mech. Bd. 6 (1926) S. 487.

[2] Die Zwangläufigkeit kinematischer Ketten. Diss. Techn. Hochsch. Dresden 1920. (Im Druck nicht erschienen.)

[3] Technische Kinematik, S. 39. Leipzig: A. Barth 1931.

Doch gilt Gleichung (1) nur dann, wenn die Schraubenachsen nach Richtung, Lage und Parameter voneinander unabhängig sind. In besonderen Fällen kann n erheblich kleiner sein. Fallen z. B. bei der einfachen Schraubenkette alle Schraubenachsen in eine Gerade, so ist sie nur dann zwangläufig beweglich, wenn die Anzahl der Glieder und Schrauben gleich drei (Dreischraubenkette[1]) ist und wenn die drei Schraubenparameter eine lineare Beziehung erfüllen.

Die obige Bedingungsgleichung bleibt aber auch dann gültig, wenn die Schrauben ganz oder teilweise durch Drehpaare ersetzt werden, vorausgesetzt, daß die Schraubenachsen nicht in besonderen Lagenbeziehungen standen. Schneiden sich die Achsen in einem Punkte oder sind sie zueinander parallel, dann ist Gleichung (1) zu ersetzen durch

$$2g - 3n + 4 = 0, \tag{2}$$

welche für sphärische und ebene Gelenkketten gilt und in der $g = s$ die Anzahl der Drehachsen bezeichnet.

Bei teilweisem Ersatz der Schrauben durch *Schieber* (Schrauben mit dem Parameter ∞, Prismenpaar) bleibt der Zwanglauf nur bestehen, wenn in jeder Gliedergruppe nicht mehr als zwei nur Schieber enthaltende binäre Glieder unmittelbar verbunden sind. Auch darf kein Glied nur durch Schieber, deren Achsen parallel sind, mit anderen Gliedern verbunden werden.

Für die räumliche *Schubkette*, bei der alle Schrauben durch Schieber ersetzt sind, gibt M. GRÜBLER als Kennzeichen des Zwanglaufes die Bedingung

$$2s - 3n + 4 = 0 \tag{3}$$

mit n Gliedern und s Schiebern.

(Dieses Kennzeichen stimmt *formal* mit jenem für die ebenen und sphärischen Drehpaarketten überein.)

Die Klarstellung der Zusammenhänge der einzelnen Kriterien für die Zwangläufigkeit räumlicher und ebener kinematischer Ketten verdankt man R. MÜLLER[2], von dem auch das für alle möglichen *Sonderfälle* gültige Kriterium der Zwangläufigkeit für zusammengesetzte Schraubenketten stammt.

Dieses wird besonders einfach für solche zusammengesetzte geschlossene Ketten, bei denen in allen geschlossenen Gliedergruppen dieselben Bewegungsmöglichkeiten auftreten. Sei B der größte, in einer Schar von geschlossenen Gliedergruppen vorhandene Bewegungsgrad[3], dann gilt die einfache Bedingung

$$(B - 1)\,s - B\,n + (B + 1) = 0, \tag{4}$$

---

[1] Vgl. GRASHOF: Theoretische Maschinenlehre. Bd. 2: Kinematik, S. 67.

[2] Vgl. Fußnote 2, S. 63.

[3] Dieser entspricht der Zahl der Bewegungsmöglichkeiten der Kette, d. i. die Zahl der Grundbewegungen, auf die die relativen Bewegungen der Glieder mit Rücksicht auf die Art und gegenseitige Lage der Elementenpaare im Minimum zurückgeführt werden können.

aus der mit den Sonderwerten $B = 3$ die von M. GRÜBLER angegebenen Zwanglaufbedingungen [Gleichung (2) und (3)] für die räumlichen Schubketten und ebenen Drehpaarketten, mit $B = 2$ jene für die ebenen Schubketten, mit $B = 6$ jene für die allgemeinen Schraubenpaarketten [Gleichung (1)] hervorgehen.

Für die technischen Anwendungen im Getriebebau sind von Wichtigkeit die räumlichen kinematischen Ketten mit möglichst kleiner Gliederzahl. Zu solchen gelangt man durch das von M. GRÜBLER[1] angegebene Prinzip der Gliederverminderung, das auf dem Satze beruht: Beseitigt man in einer zwangläufigen Schraubenpaarkette i aufeinanderfolgende Glieder, indem man das erste und das letzte Glied dieser Reihe unmittelbar durch ein höheres Elementenpaar[2] vom Freiheitsgrade i ($i > 1$) beweglich verbindet, so bleibt die derart entstehende Kette zwangläufig, obgleich ihre Gliederzahl sich um $i - 1$ verringert.

Die Schemata der nach diesem Prinzip sich ergebenden *drei*gliedrigen Raumgetriebe (vier Möglichkeiten) und *vier*gliedrigen Raumgetriebe (drei Möglichkeiten) gab H. ALT[3] an, von dem auch die Einteilung der Raumgetriebe in eigentliche und uneigentliche herrührt. Bei letzteren führt jedes Glied des Getriebes eine komplane Bewegung aus, jedoch sind die Bewegungsebenen der einzelnen Glieder gegeneinander unter bestimmten Winkeln geneigt. Die eigentlichen oder allgemeinen Raumgetriebe sind dadurch gekennzeichnet, daß ein oder mehrere Glieder räumliche Bewegungen ausführen, so daß die Bahnkurven eigentliche Raumkurven (mit doppelter Krümmung) sind.

Gliedminderung räumlicher Ketten kann auch *ohne* Einführung von höheren Elementenpaaren durch *besondere* Wahl der Richtungen der Schrauben- oder Drehachsen bzw. der Größe der Schraubenparameter erzielt werden.

Die kleinstmögliche Anzahl der Glieder solcher räumlicher Ketten beträgt vier. Abgesehen von dem ebenen und sphärischen Gelenkviereck, bei denen die Drehachsen parallel sind bzw. sich in einem Punkte schneiden und die nach Gleichung (2) zwangläufig sind, gibt es nach E. DELASSUS[4] nur fünf Typen geschlossener viergliedriger zwangläufiger Raumketten mit einfachen Elementenpaaren.

---

[1] Z. angew. Math. Mech Bd. 6 (1926) S. 488.

[2] Die Elementenpaare von höherem Freiheitsgrade, deren es viele gibt, lassen sich je nach der Berührung der Elemente in Punkten, Linien oder Flächen unterscheiden. Elementenpaare mit Flächenberührung gibt es nur drei: das Hohlzylinderpaar ($i = 2$), das Kugel- und das Plattenpaar ($i = 3$).

[3] Z. Ver. Deutsch. Ing. Bd. 73 (1929) S. 188. Der Aufsatz enthält auch die Beschreibung und Abbildung des Modells eines dreigliedrigen Raumgetriebes. Ein viergliedriges Raumgetriebe beschreibt R. BEYER: Z. Ver. Deutsch. Ing. Bd. 73 (1929) S. 1103.

[4] Bull. Sci. math. Bd. 46 (2) (1922) S. 283—304 — C. R. Acad. Sci., Paris Bd. 173 (1921) S. 1331—1333. — Ann. École norm. Paris, Bd. 17 (3) (1900); Bd. 19 (3) (1902).

Sind die Achsen der vier Schraubenpaare zueinander *parallel*, und wird die Lage der Achsen zueinander durch ihre Durchstoßpunkte mit einer Normalebene zur Achsrichtung festgelegt, so bestehen folgende Möglichkeiten:

1. Die Achspunkte, die mit denselben Buchstaben wie die Schraubenparameter ($p_1 p_2 p_3 p_4$) bezeichnet werden, bilden ein Deltoid und die Schraubenparameter p entsprechen den Beziehungen

$$p_1 = p_3 = \frac{p_2 + p_4}{2}.$$

2. Die Achspunkte bilden ein Parallelogramm mit

$$p_1 + p_3 = p_2 + p_4.$$

3. Die Achspunkte bilden ein Gegenparallelogramm mit

$$p_1 = p_3, \qquad p_2 = p_4.$$

Die Fälle 2 und 3 können nur für lauter gleiche Parameter ineinander übergeführt werden.

4. Wenn zwei parallele Schrauben $S_1 S_3$ mit zwei geraden Schiebern $G_2 G_4$ abwechseln, dann muß $p_1 = p_3$ sein und die Schieber müssen symmetrisch zur Ebene der beiden Schraubenachsen liegen.

5. Es existiert keine viergliedrige geschlossene Raumkette mit zwei Gruppen von parallelen Schraubenachsen. Sind die vier Schraubenachsen nicht parallel, dann beweist E. Delassus, daß Zwanglauf nur möglich ist, wenn die Schraubenparameter verschwinden, wenn also die Glieder der Kette durch nicht zueinander parallele Drehpaare verbunden sind. Die kürzesten Abstände der vier windschiefen Drehachsen müssen dann ein windschiefes Vierseit mit gleich langen Gegenseiten bilden. Dies ist die viergliedrige Raumkette von G. T. Bennett[1]. Eine bemerkenswerte Beziehung zwischen diesem Mechanismus und den Eigenschaften der Ringfläche (Torus) wurde von R. Bricard[2] und F. E. Myard[3] aufgedeckt. Nach dem Theorem von Villarceau wird die Ringfläche (die durch Drehung eines Kreises um eine beliebige Gerade seiner Ebene entsteht) von jeder sie zweipunktig berührenden Ebene in zwei gleichen Kreisen geschnitten[4]. Sei (Fig. 22) A einer dieser beiden Schnittkreise der Ringfläche und T die Schnittlinie der zweipunktig berührenden Ebene mit der Äquatorebene, Ω der Mittelpunkt des Kreises A, wobei $\overline{O\Omega} = \overline{MS}$, so läßt sich die Bewegung eines Punktes S dieses Kreises einmal darstellen durch eine Drehung des Halbmessers ΩS um die in Ω errichtete Senkrechte ΩX zur doppelt berührenden Ebene, andererseits

[1] Engrg. 1903 S. 777. — d'Ocagne, M.: Cours de Géometrie Bd. 2 S. 55. Paris 1930. — Bricard, R.: Leçons de Cinématique Bd. 2 S. 193. Paris 1927.

[2] Nouv. Ann. Math. Bd. 82 (5) (1924) S. 308—313.

[3] C. R. Acad. Sci., Paris Bd. 192 (1931) S. 1194—1196.

[4] Einen sehr einfachen Beweis hierfür gibt R. Bricard (Fußnote 2); umständlicher ist jener von C. Rodenberg: Z. Math. Phys. Bd. 47 (1902) S. 196—199.

seits dadurch, daß S auf dem Umfang des die Ringfläche erzeugenden Kreises C (Mittelpunkt M) wandert, während gleichzeitig dieser Kreis um die Achse OZ des Torus gedreht wird.

Da S den Kreis A beschreibt, so ist die räumliche viergliedrige Kette $O\Omega SM$ zwangläufig, in ihr sind je zwei Gegenseiten gleich lang; F. E. Myard zeigt, daß bei S nicht, wie es zunächst scheint, ein Kugelgelenk erforderlich ist, sondern ein Zylindergelenk, dessen Achse SU stets in der doppelt berührenden Ebene liegt und senkrecht zu ΩS bleibt. Damit besitzt diese Kette vier windschiefe Drehachsen, die paar-

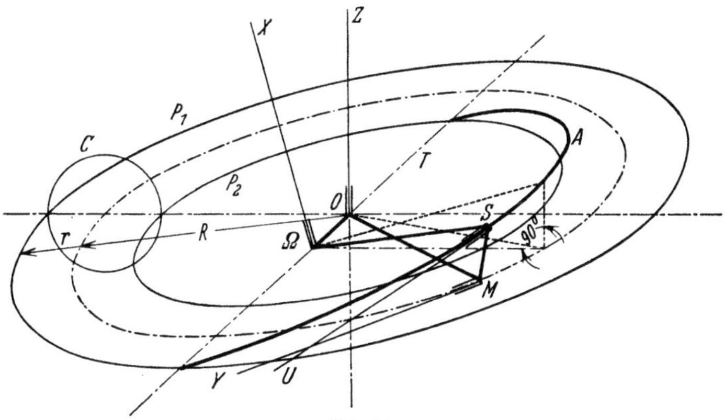

Fig. 22.

weise aufeinander senkrecht stehen: $MY \perp OZ$, $SU \perp \Omega X$ und deren kürzeste Abstände (das sind hier die Längen der stabförmigen Glieder) ein windschiefes Vierseit mit gleich langen Gegenseiten ($O\Omega = MS$, $OM = \Omega S$) bilden. M. Bennett nennt ein Tetraeder mit je zwei gleichen Gegenseiten ein Isogramm. Die Öffnungswinkel je zweier Dieder dieses Isogramms, die zwei Gegenseiten als Scheitellinien besitzen, sind einander gleich; dabei sind die Dieder mit den Scheitellinien OM und ΩS rechtwinklig, die beiden anderen spitzwinklig. Es liegt somit der Fall eines rechtwinkligen Isogramms vor. Die Durchführung dieser Betrachtungen für die abgeplattete Ringfläche, die entsteht, wenn die Ebene des erzeugenden Kreises schief zur Rotationsachse OZ verläuft, diese aber im Mittelpunkt der Ringfläche schneidet, ergibt ein Isogramm mit paarweise gleichen, von 90° verschiedenen Winkeln, führt also zum Bennettschen Mechanismus. Es kann daher ein Isogramm deformiert werden, während die Längen seiner Seiten und die Größe der Diederwinkel konstant bleiben. Durch Vereinigung von zwei symmetrischen rechtwinkligen Isogrammen, die zu zwei verschiedenen Villarceauschen Schnittkreisen einer Ringfläche gehören, läßt sich nach F. E. Myard[1] eine zwangläufige räumliche Kette mit fünf Drehpaaren bilden, deren

[1] C. R. Acad. Sci., Paris Bd. 192 (1931) S. 1352—1354.

Achsen einer linearen Kongruenz angehören; auch lassen sich die Eigenschaften der eine Ringfläche in zwei Punkten berührenden Kugel (Theorem von MANNHEIM) zum Aufbau von räumlichen Drehpaarketten benutzen.

Bei den geschlossenen zwangläufigen räumlichen Ketten mit sechs Drehpaaren, für die R. BRICARD[1] einige interessante Fälle angibt, gehören die Achsen in jedem Augenblicke einem linearen Komplex an. Bilden die Drehachsen ein windschiefes Sechseck, so ergibt sich der von R. BRICARD[2] und G. T. BENNETT[3] eingehend untersuchte Fall des gelenkigen Oktaeders, dessen Seitenflächen Dreiecke sind; dieses ist dann deformierbar, wenn je zwei nicht miteinander verbundene Punkte des Oktaeders entsprechende Punkte sind in der durch eine Strophoidale (Raumkurve dritter Ordnung) bestimmten Involution; je zwei Paare dieser Punkte liegen dann auf einem Rotationshyperboloid, dessen Achse die beiden Doppelpunkte der Involution enthält.

Wird jeder Punkt einer Punktmenge A_i $(i = 1, 2, \ldots, m)$ mit allen Punkten der Gruppe B_j $(j = 1, 2, \ldots, n)$ gelenkig durch starre Stäbe verbunden, so entsteht (wenn $m > 6$, $n > 4$ im Raume, oder $m > 3$, $n > 3$ in der Ebene ist) ein im allgemeinen nicht deformierbares Gelenksystem; in gewissen, von R. BRICARD[4] und B. GAMBIER[5] untersuchten Ausnahmefällen ergeben sich jedoch dabei Mechanismen, für welche stetige oder nichtstetige Veränderungen möglich sind.

Für den Grenzfall unbegrenzt wachsender Zahlen m und n sind die Punkte A und B auf bestimmten Kurven oder Flächen verteilt und es entsteht das Problem: Die Kurve (A) sei punktweise auf eine andere Kurve (a) bezogen, ebenso die Kurve (B) auf eine Kurve (b), wobei die Entfernungen AB und ab entsprechender Punkte einander gleich sein müssen. Die notwendige und hinreichende Bedingung dafür, daß ein solcher aus zwei Kurven gebildeter Mechanismus stetig deformierbar sei, ist, daß eine von ihnen ein Kegelschnitt (oder eine Gerade) sei, oder auch, daß die beiden Kurven in zueinander senkrechten Ebenen gelegen sind[6].

Wird ein windschiefes Gelenkviereck so deformiert, daß stets eine lineare Beziehung zwischen den Quadraten seiner Diagonalen besteht, dann entspricht nach R. BRICARD[7] jedem Punkte einer Seite ein ganz

---

[1] Leçons de Cinématique, T. II S. 316ff. Paris 1927.

[2] J. de Math. 1897, S. 113. — Bull. Soc. Math. France 1904, S. 269.

[3] Proc. London Math. Soc. 1911, S. 309.

[4] Nouv. Ann. Math. Bd. 20 (4) (1920) S. 395—400.

[5] C. R. Acad. Sci. Paris Bd. 172 (1921) S. 363—366 — J. de Math. Bd. 1 (9) (1922) S. 19—76.

[6] Die Theorie steht im Zusammenhang mit gewissen, von DARBOUX und PETERSEN bestimmten Flächen. Vgl. B. GAMBIER: C. R. Acad. Sci., Paris Bd. 172 (1921) S. 570—573 und obige Fußnote 5.

[7] Nouv. Ann. Math Bd. 7 (4) (1907) S. 23—28.

bestimmter Punkt auf der gegenüberliegenden Seite, so zwar, daß deren Entfernung bei der Deformation konstant bleibt und daß die Verbindungslinien solcher entsprechender Punkte die Erzeugenden eines Hyperboloides sind. Mit Benutzung dieser Eigenschaft, aus welcher die bekannte Erzeugung des deformierbaren Gelenkhyperboloides hervorgeht, gelangt R. BRICARD zu einem deformierbaren Mechanismus von 27 gelenkig verbundenen Stäben, welcher die Vereinigung von sechs gelenkigen Hyperboloiden verwirklicht[1].

Bei den von K. KUTZBACH[2] untersuchten räumlichen Zweiggetrieben können die Verbindungen zwischen den Leitungen und Ausgleichsscheiben ausgeführt werden als Koppel mit zwei Kugelgelenken (von den sechs Bewegungsfreiheiten tritt eine doppelt auf und ist unschädlich) oder als Kugelzapfen in einem Stein zwischen zwei ebenen Führungen oder als gewölbte Flanken mit Punktberührung.

Die Anlenkung der Ausgleichscheiben an eine Leitung oder an eine zweite Ausgleichscheibe muß mit mindestens zwei Bewegungsfreiheiten (z. B. als Kreuzgelenk) erfolgen. Ist S_0 die Zahl der nur gekoppelten Scheiben, S_2 die Zahl der mit zwei Freiheiten angelenkten Scheiben, K_5 die Zahl der Koppelverbindungen mit fünf Bewegungsfreiheiten, so gilt nach K. KUTZBACH als Bedingung der räumlichen Leitungsverzweigung

$$K_5 = 6S_0 + 2S_2 + 1\,,$$

die aus den GRÜBLERschen Zwanglaufbedingungen abgeleitet wurde und von der Anzahl der Leitungen vollkommen unabhängig ist.

Mit der Einführung des Begriffes der mechanischen Leitungsverzweigung wird die theoretische Behandlung zahlreicher Getriebe auf gleicher Grundlage ermöglicht.

27. Geschwindigkeitszustand. Schon bei den ebenen kinematischen Ketten führt eine analytische Darstellung des Geschwindigkeits- und Beschleunigungszustandes selbst bei Beschränkung auf die einfachsten Ketten zu mühsamen, unübersichtlichen Rechnungen; bei den räumlichen Ketten steigern sich diese Schwierigkeiten in solchem Maße, daß hier wohl nur zeichnerische Lösungsmethoden in Frage kommen, die auf der Anwendung der in (17) und (18) beschriebenen Darstellungsverfahren beruhen.

Das Abbildungsverfahren von MAYOR-V. MISES gestattet nach H. WINTER[3] das Entwerfen von Geschwindigkeitsplänen für räumliche Getriebe, wobei die zwischen den absoluten und relativen Geschwindigkeiten der Punkte der bewegten Glieder bestehenden vektoriellen Beziehungen in ähnlicher Weise, wie dies bereits in (20) und (24) angegeben

[1] Ein System dieser Art gab bereits T. LARMOR [Proc. Cambridge Philos. Soc. Bd. 5 (1884) S. 161] an. R. BRICARD berichtigt einen dort unterlaufenen Fehler in der Abzählung der Gleichungen zwischen den Veränderlichen.

[2] Maschinenbau Bd. 8 (1929) S. 710—716.

[3] Z. angew. Math. Mech. Bd. 10 (1930) S. 274—284.

worden ist, dargestellt werden. H. WINTER erläutert das Verfahren an dem Beispiele der räumlichen Schiebepaarkette, einer sechsgliedrigen Kette mit je drei zueinander parallelen Drehachsen und an mehreren Getrieben, in denen auch Elementenpaare mit mehreren Freiheitsgraden vorkommen. Schon vorher konnte K. FEDERHOFER[1] die besondere Eignung dieser Abbildungsmethode für die zeichnerische Darstellung des Geschwindigkeitszustandes des Taumelscheibentriebes zeigen, bei dem es sich um eine zwangläufige sphärische Bewegung handelt. Bei dem Vergleiche mit den von K. STEIN[2] und K. SCHLAEFKE[3] für dieses Getriebe angestellten analytischen Untersuchungen tritt die Überlegenheit der zeichnerischen Methode klar hervor.

In gleich einfacher Weise lassen sich für das sphärische Kurbelgetriebe und für das Doppelkurbelgetriebe (Universalgelenk, HOOKEscher Schlüssel) die Geschwindigkeitsverhältnisse durch Zeichnung von Geschwindigkeitsplänen darstellen[4]. Für den sphärischen Kurbeltrieb mit dem Öffnungswinkel $\pi/2$ läßt sich das räumliche Getriebe nach F. O. MÜLLER[5] durch ein *ebenes* Getriebe ersetzen, dessen kinematische Verhältnisse nach bekannten Methoden darzustellen sind, doch erhält man hierbei nicht unmittelbar die vollständige Darstellung des Geschwindigkeitszustandes; die erforderliche Ergänzung ist aber unschwer anzufügen.

Einfacher erweist sich für die Untersuchung der sphärischen Kurbelgetriebe die Benutzung der Drehzahlvektorenpläne von R. BEYER (vgl. 29). Für das zwangläufige konische oder sphärische Gelenkviereck — bei welchem die vier Glieder a, b, c, d aufeinanderfolgend durch Drehgelenke verbunden sind, die sich in einem Punkte schneiden, so daß die Längen dieser Glieder auf einer um diesen Punkt beschriebenen Kugel als Stücke größter Kreise zu messen sind — stehen die Drehvektoren der relativen Drehungen der Glieder gegeneinander in folgendem Zusammenhange

$$\mathfrak{w}_{ad} = \mathfrak{w}_{ab} + \mathfrak{w}_{bc} + \mathfrak{w}_{cd}\,.$$

Wird z. B. das Glied d festgehalten, und erfährt das damit gelenkig verbundene Glied a den Antrieb mit der gegebenen Winkelgeschwindigkeit ω_{ad}, so sind die relativen Drehvektoren $\mathfrak{w}_{ab}$, $\mathfrak{w}_{bc}$ und der absolute Drehvektor $\mathfrak{w}_{cd}$ des so entstandenen sphärischen Getriebes durch Zerlegung von $\mathfrak{w}_{ad}$ nach den bekannten Richtungen der Drehachsen leicht zu gewinnen. Die Konstruktion wird besonders einfach für die sphärische

[1] Z. angew. Math. Mech. Bd. 9 (1929) S. 312—318.

[2] Z. Ver. Deutsch. Ing. Bd. 72 (1928) S. 459—463.

[3] Über die Konstruktionsgrundlagen von Flüssigkeitsgetrieben mit Taumel scheibe unter besonderer Berücksichtigung des Kraftwagenbaues, S. 18—27. Diss. Techn. Hochsch. Berlin.

[4] FEDERHOFER, K.: Graphische Kinematik und Kinetostatik, S. 71—81.

[5] Z. Ver. Deutsch. Ing. Bd. 73 (1929) S. 117—125.

Schubkurbelkette[1], bei der zwei seiner Glieder die Werte $\pi/2$ annehmen; hier kann durch geeignete Wahl der Projektionsebenen erreicht werden, daß im Aufriß oder Grundriß eine der Projektionen der Drehvektoren verschwindet[2].

Zu einer anschaulichen Darstellung des Geschwindigkeitszustandes von Raumgetrieben gelangt R. BEYER[3] durch wiederholte Anwendung seiner Konstruktion für den Momentvektor (18), wobei vorwiegend nur horizontale und vertikale Hilfslinien benötigt werden. Eine graphische Darstellung des Verlaufes der Geschwindigkeiten für die räumlich schwingende Kurbelschleife auf Grund der Abbildung von MAYOR-v. MISES stammt von K. FEDERHOFER[4]; eine darstellend-geometrische Lösung gibt nachher R. BEYER[5].

28. Beschleunigungszustand. Für die Ermittlung der Beschleunigungsverhältnisse von räumlichen Getrieben gilt das in der Einleitung zu (27) Gesagte in verstärktem Maße. Bei der Schwierigkeit der hier zu lösenden Aufgaben werden freilich auch die graphischen Lösungen schon ziemlich mühsam. Für einige allgemeine Raumgetriebe wurden solche Lösungen angegeben von H. WINTER[6] und R. BEYER[3]. Erhebliche Vereinfachungen ergeben sich aber bei sphärischen Getrieben. Sind die Geschwindigkeiten eines Systempunktes oder die Drehvektoren der einzelnen Glieder des sphärischen Getriebes nach (27) für einen Umlauf konstruiert worden, so können die zugehörigen Hodographen gezeichnet werden, aus denen sich nach (1) die Beschleunigungen des Systempunktes bzw. die Winkelbeschleunigungen der Drehungen der einzelnen Glieder für alle Lagen des Getriebes konstruieren lassen.

Soll hingegen die Beschleunigung eines Systempunktes nur für *eine* Stellung des Getriebes konstruiert werden ohne vorherige Zeichnung der Hodographen, so stützt sich die zum Ziele führende Konstruktion auf den Zusammenhang zwischen den Beschleunigungen zweier Punkte eines Gliedes, die sich auf bekannten Bahnen bewegen. Liegt z. B. ein geschränkter sphärischer Kurbeltrieb vor, bestehend aus dem festgehaltenen Gliede d, den beiden sphärischen Kurbeln a, c, in deren Endpunkten A und B die Koppel b angelenkt ist, so bewegen sich die Punkte A, B auf gegebenen Kreisen, und zwar der Punkt A mit gegebener Geschwindigkeit $\mathfrak{v}_A$ und Beschleunigung $\mathfrak{b}_A$, und es besteht der Zusammenhang

$$\mathfrak{b}_B = \mathfrak{b}_A + \mathfrak{b}_{BA}.$$

[1] Über die aus der sphärischen Viergelenkkette abgeleiteten sphärischen Getriebe vgl. W. JAHR u. P. KNECHTEL: Grundzüge der Getriebelehre Bd. 1 S. 344 bis 361. Leipzig: Dr. M. Jänecke 1930.

[2] BEYER, R.: Technische Kinematik, S. 389—393; 415—417.

[3] Vortrag auf der Tagung für Getriebetechnik in Karlsruhe, 1931.

[4] S.-B. Akad. Wiss. Wien Abt. IIa, Bd. 138 (1929) S. 27—34.

[5] Jber. Vereinig. Techn. Schulen Zwickau 1929/31.

[6] Beitr. zur Kinematik und Kinetostatik der Getriebe. Diss. Techn. Hochsch. Graz 1930.

Die Zerlegung der absoluten Beschleunigung $\mathfrak{b}_B$ und der relativen Beschleunigung $\mathfrak{b}_{BA}$ in den normalen und tangentiellen Anteil und die Zusammenfassung von $\mathfrak{b}_A$ mit den durch den Geschwindigkeitszustand festgelegten Normalbeschleunigungen zu einem Vektor $\mathfrak{r}$ ergibt

$$\mathfrak{r} = \mathfrak{b}_A + \mathfrak{b}_{BA,1} - \mathfrak{b}_{B,1} = \mathfrak{b}_{B,2} - \mathfrak{b}_{BA,2};$$

die hiernach verlangte Zerlegung von $\mathfrak{r}$ ist unschwer zu bewirken, da die Richtung von $\mathfrak{b}_{B,2}$ bestimmt ist und $\mathfrak{b}_{BA,2}$ senkrecht auf AB stehen muß. Solcherart ergibt sich analog wie beim ebenen Kurbelviereck ein Beschleunigungsplan, der die obengenannten Beschleunigungsteile vereinigt; von ihm ausgehend können sodann die Beschleunigungen weiterer Systempunkte konstruiert werden. Die Konstruktion des Vektors der Winkelbeschleunigung für die sphärische Bewegung der Koppel b erfolgt nach (21) mit der Vereinfachung, daß der Beschleunigungspol in den Kugelmittelpunkt fällt. K. FEDERHOFER[1] hat auf Grund dieser von ihm herrührenden Überlegungen erstmals die Beschleunigungspläne für eine Reihe sphärischer Mechanismen (mit Benutzung der Methode 17) konstruiert und auch den Beschleunigungszustand der räumlich schwingenden Kurbelschleife[2] erledigt, wobei die Gesetze der räumlichen Relativbewegung (Berücksichtigung der Zusatzbeschleunigung von CORIOLIS) graphisch zur Darstellung gelangten; die zeichnerische Behandlung des Geschwindigkeitszustandes führte dabei ungezwungen zur Einführung des „Bildhodographen" (1).

R. BEYER[3] hat den letzterwähnten Mechanismus neuerlich behandelt, indem er die dort vorkommenden Vektorprodukte nach seinem Verfahren (18) konstruierte.

F. O. MÜLLER[4] untersucht die Beschleunigungsverhältnisse beim sphärischen Kurbeltrieb und bei verwandten Mechanismen mit Hilfe der Einführung ebener Ersatzgetriebe (vgl. 27).

29. Umlaufgetriebe. Die Untersuchung der kinematischen Verhältnisse in Umlaufgetrieben und am Räderknie erhielt besondere Anschaulichkeit durch die von K. KUTZBACH[5] eingeführten Drehzahlpläne, die auch eine einfache Ableitung der Übersetzungsverhältnisse solcher Getriebe ermöglichen. Hierbei werden die absoluten und relativen Winkel-

[1] Graphische Kinematik und Kinetostatik, S. 72—80 — Z. angew. Math. Mech. Bd. 9 (1929) S. 316—318. — Vgl. auch R. BEYER: Technische Kinematik, S. 415 bis 418.

[2] S.-B. Akad. Wiss. Wien Abt. IIa, Bd. 138 (1929) S. 27—34. Zur Kennzeichnung der Umständlichkeit der analytischen Lösung ist diese auch im Anhange dieser Arbeit kurz skizziert.

[3] Fußnote 5, S. 71.

[4] Z. Ver. Deutsch. Ing. Bd. 73 (1929) S. 117—125. — Bemerkung hierzu von R. BEYER: ebenda S. 1103.

[5] Maschinenbau Bd. 6 (1927) S. 1087. —Vgl. auch Hütte, Des Ingenieurs Taschenbuch, 25. Aufl. Bd. 2, 1. Abschnitt: Maschinenteile.

geschwindigkeiten (bzw. die ihnen proportionalen Drehzahlen) der aufeinander rollenden Räder durch Strecken nach dem folgenden Verfahren dargestellt.

Sind die Geschwindigkeiten zweier Punkte AB bei der ebenen Bewegung des Systems ε zueinander parallel (Fig. 23), so liegt der momentane Drehpol O im Schnitte von AB mit der die Spitzen ab der Geschwindigkeitsvektoren verbindenden Geraden, die nach W. HARTMANN die „ϑ-Linie" heißt (vgl. 18). Sie schließt mit AB den Winkel ϑ ein, und es ist $\operatorname{tg}\vartheta$ ein Maß für die Winkelgeschwindigkeit. Um mit Längen zu operieren, zieht man eine Normale n zu AB als Basis des Drehzahlplanes, für den der in beliebiger Entfernung a von n gewählte Punkt O_1 der Pol ist. Eine Parallele durch letzteren zur „ϑ-Linie" schneidet n in ε, und es stellt $\overline{S\varepsilon} = a \operatorname{tg}\vartheta$ bei Berücksichtigung der Maßstabskonstanten die Winkelgeschwindigkeit $\omega_{\varepsilon o}$ bzw. die Drehzahl $n_{\varepsilon o}$ des Systems ε gegen die ruhende Ebene o dar. Wird die Konstruktion für alle Räder eines Umlaufgetriebes mit gleichem Pole und gleicher Basis ausgeführt, wobei auf die Berührungsbedingungen der gekämmten Räder zu achten ist, so erhält man den Drehzahlplan des Getriebes.

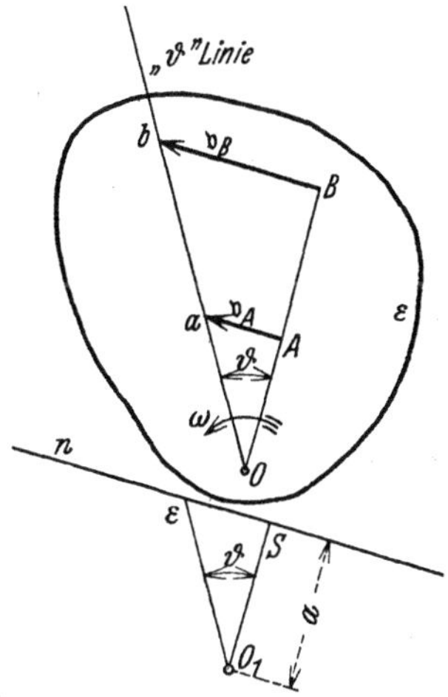

Fig. 23.

Die Darstellung der kinematischen Verhältnisse an Kegelräderumlaufgetrieben geschieht nach R. BEYER[1] am einfachsten durch Zeichnung von Drehzahlvektorplänen, die auf der wiederholten Anwendung des Satzes vom Parallelogramm der Drehvektoren $\mathfrak{w}$ (und der ihnen proportionalen Drehzahlen) für sich schneidende Drehachsen nach der Gleichung $\mathfrak{w}_{ik} = \mathfrak{w}_{il} + \mathfrak{w}_{lk}$ beruhen; sie gestatten auch eine rasche rechnerische Aufstellung der Übersetzungsverhältnisse der Kegelräder und bieten ebenso wie die Drehzahlpläne die Möglichkeit zur einfachen Lösung hierher gehöriger getriebesynthetischer Fragen[2].

30. Verzahnungstheorie. Die allgemeine Theorie der Verzahnung zweier Räder mit *parallelen* oder sich *schneidenden* Achsen (Stirnräder oder Kegelräder) beruht auf einigen allgemeinen Sätzen der kinematischen Geometrie der Ebene und der Kugel; die verschiedenen Verzahnungsarten, deren Haupttypen die Zykloidenverzahnung, die Triebstockverzahnung und die Evolventenverzahnung sind, haben infolge ihrer besonderen Bedeutung für die Praxis der Zahnradkonstruktionen schon

---

[1] Maschinenkonstrukteur Jg. 62 (1929) Nr. 2/3 — Maschinenbau Bd. 8 (1929) S. 718.

[2] R. BEYER, Technische Kinematik, S. 384.

längst eingehende theoretische Bearbeitung gefunden[1]. Als Untersuchungsmethoden kommen dabei in Betracht für die erste Type die Methode der Hilfspolbahnen, für die zweite die Methode der Äquidistanten, für die dritte die Methode der sekundären Polbahnen. Nachdem bereits F. KLEIN in seinen Vorlesungen auf die enge Beziehung der Verzahnungstheorie mit der LIEschen Theorie der Berührungstransformationen hingewiesen hatte, wurde dieser Zusammenhang für die *ebenen* Zahnräder im einzelnen analytisch und geometrisch entwickelt von F. SCHILLING[2].

Die allgemeine Theorie der Verzahnung zweier Räder mit *gekreuzten* Achsen, die bis zum Beginne dieses Jahrhunderts kaum über die Arbeiten TH. OLIVIERS[3] und H. RESALS[4] hinausgekommen war, wurde von M. DISTELI[5] durch Heranziehung der Schraubentheorie im wichtigsten Falle der *Linienverzahnung* — wobei die Arbeitsflanken der Radzähne windschiefe Regelflächen sind — in einer Weise erledigt, die der Zykloidenverzahnung der Stirn- und Kegelräder in vollständiger Analogie zur Seite gestellt werden kann. Bei den bekannten Verzahnungsarten in der Ebene und auf der Kugel kommt der *Eingriffslinie* grundlegende Bedeutung zu, da aus gewissen ihr auferlegten Bedingungen, wie M. DISTELI[6] bemerkt hat, diese Verzahnungsarten hervorgehen; eine analoge fundamentale Bedeutung besitzt die *Eingriffsfläche* für das Verzahnungsproblem der Hyperboloidräder.

Sind o_1 und o_2 die windschiefen Achsen zweier Räder, die sich mit $-\omega_1$ und ω_2 drehen, Φ_1 und Φ_2 die Oberflächen zweier mit ihnen verbundener Zähne, Σ_1 und Σ_2 die Systeme, denen Φ_1 und Φ_2 angehören, endlich Σ das ruhende Bezugssystem, so ergeben sich die zu den beiden Drehungen gehörenden Grundhyperboloide H_1 und H_2 aus der Betrachtung der relativen Bewegung beider Drehungen gegeneinander und es ist die Achse dieser relativen Schraubenbewegung die gemeinsame Berührungskante X beider Hyperboloide, während ihre Winkel- bzw. Schiebungsgeschwindigkeit die relative Roll- bzw. Gleitgeschwindigkeit darstellen, mit welchen die beiden Axoide aufeinander schroten; beide Hyperboloide besitzen den gleichen Verteilungsparameter. Die drei

[1] Vgl. A. SCHOENFLIES: Enzykl. d. Math. Wiss. Bd. 4; Kinematik, S. 261—267. — Eine Einführung in das Gebiet der ebenen Verzahnungstheorie mit Zusammenstellung ihrer allgemeinen Sätze gibt F. SCHILLING: Z. Math. Phys. Bd. 51 (1904) S. 1—29 sowie Bd. 44 (1899) S. 214—227. Hier findet man auch die Beschreibung instruktiver kinematischer Modelle zur ebenen Verzahnungstheorie, die im Verlage M. Schilling (Leipzig) als Serie XXIV (Nr. 1—7), XXXI (Nr. 1—11) erschienen sind.

[2] Z. Math. Phys. Bd. 54 (1907) S. 281—317, 337—364; auch Jber. Deutsch. Math.-Vereinig. Bd. 11 (1902) S. 267—269.

[3] Théorie géométrique des engrenages. Paris 1842.

[4] C. R. Acad. Sci., Paris Bd. 117 (1893) S. 391—398.

[5] Z. Math. Phys. Bd. 51 (1904) S. 51—88; Bd. 59 (1911) S. 244—298.

[6] Z. Math. Phys. Bd. 56 (1908) S. 233—257.

Achsen $o_1\, o_2\, X$ legen das sog. Grundzylindroid G fest. Die Eingriffsfläche der windschiefen Profilflächen, das ist der Ort ihrer Berührungslinien im System Σ, wird nach M. DISTELI erhalten als Bahnfläche einer beliebigen Geraden eines räumlichen Hilfssystems σ, dessen Bewegung im ruhenden System Σ durch Abschroten eines gewissen Axoids H auf dem Grundzylindroid erfolgt; in Σ_1 und Σ_2 beschreibt dann diese Gerade die zu ihr gehörigen Profilflächen Φ_1, Φ_2 einer Verzahnung für geradlinigen Eingriff. Bei der Bewegung von σ beschreibt aber auch die festbleibende Achse X im beweglichen System eine Regelfläche W, die auch als Rollfläche bei der umgekehrten Bewegung von Σ in σ durch die Achse X beschrieben wird; sie ist die Evolventenfläche von H, deren Abschroten auf den Grundhyperboloiden die Räume Σ_1 und Σ_2 in Drehung versetzt.

Es bilden demnach das Grundzylindroid G und das Axoid H die primären Axoide der Eingriffsfläche, das Grundhyperboloid und die Wälzungsfläche W die primären Axoide der Profilflächen.

Die Übertragung des ganzen Bewegungsvorganges in der unendlichfernen Ebene auf die Kugel (sphärische Abbildung der hyperboloidischen Verzahnung mit geradlinigem Eingriffe), wobei alle Richtungskegel parallel an einen Fixpunkt verschoben werden, führt zur allgemeinsten Zykloidenverzahnung der Richtungskegel[1] der Grundhyperboloide, weshalb die Verzahnungen der Hyperboloide als räumliche Zykloidenverzahnungen zu bezeichnen sind. Sie lassen sich daher ebenso einteilen wie die Verzahnungen ihrer Richtungskegel.

Reduziert sich das primäre Axoid H auf eine Erzeugende des Grundzylindroids, dann wird der Richtungskegel der Eingriffsfläche ein gerader Kreiskegel und es fallen Eingriffsfläche E und Wälzungsfläche W mit der zugehörigen offenen scharfgängigen Schraubenfläche zusammen, wir haben das räumliche Analogon zur gewöhnlichen Zykloidenverzahnung der Kegelräder.

Die allgemeine räumliche Evolventenverzahnung ergibt sich, wenn die Eingriffsfläche und die Profilfläche durch die sekundären Axoide dargestellt werden, wobei der Richtungskegel des ruhenden sekundären Axoids der Evolutenkegel des Richtungskegels der Profilfläche ist; doch muß zur Erreichung völliger Allgemeinheit dieser Verzahnung noch eine willkürlich zu wählende Schiebung des beweglichen Axoids längs der Erzeugenden der Profilfläche hinzugenommen werden. Artet der Rich-

[1] Durch Angabe des Richtungskegels der Eingriffsfläche ist diese selbst vollständig bestimmt und mit ihr auch alle Regelflächen der Verzahnung. Die Konstruktion der Profilfläche erfolgt am einfachsten durch Bestimmung ihrer Spurkurven in zwei zur Achse des Hyperboloids normalen Ebenen (z. B. in der Teilkreis- und Kehlkreisebene). Eine vollständig durchgeführte Konstruktion der Profilflächen gibt M. DISTELI: Z. Math. Phys. Bd. 51 (1904) S. 82—88. — Vgl. auch R. CRAIN: Schraubenräder mit geradlinigen Eingriffsflächen, Diss. Techn. Hochsch. Berlin 1907 — Werkstatt-Technik Bd. 1 (1907).

tungskegel der Eingriffsfläche in ein ebenes Strahlenbüschel aus, so entsteht die gewöhnliche räumliche Evolventenverzahnung; doch kann hier das Zusammenfallen der Eingriffsfläche und des beweglichen Axoids mit der gleichen offenen flachgängigen Schraubenfläche (welche zu der auf X senkrecht stehenden Schraube des Grundzylindroids G gehört) nur durch gewisse, im allgemeinen zulässige Näherungen erzielt werden, wodurch dann das vollständige Analogon zur Evolventenverzahnung in der Ebene und auf der Kugel erreicht wird.

Die von M. DISTELI zur Erzeugung der Eingriffsfläche benutzte Bewegung des Hilfssystems σ kann in enge Verbindung gebracht werden mit der Theorie der BERTRANDschen Kurven[1], da durch jedes Paar solcher Kurven eine bestimmte Bewegung dieser Art festgelegt ist, deren Rastaxoid das Grundzylindroid ist und deren Gangaxoid aus den Striktionsstrahlen der Hauptnormalenfläche der BERTRANDschen Kurven besteht. Die eine Fläche besteht aus den Striktionsstrahlen der anderen. Die graphische Darstellung des Falles, daß diese Kurven Schraubenlinien sind, wurde von M. DISTELI[2] und R. CRAIN[2] gegeben. Die Bestimmung der BERTRANDschen Kurven erfordert allgemein drei Quadraturen, es stößt daher deren praktische Verwendung zur Ableitung von Profilflächen, die bei bekannten BERTRANDschen Kurven ohne weitere Integration ermittelt werden können, auf gewisse Schwierigkeiten.

Hingegen läßt der Fall *abwickelbarer Profilflächen* verhältnismäßig einfache Konstruktionen zu; dieser Fall erfordert indes eine gesonderte Behandlung, da sich bei der Bewegung zweier Regelflächen gegeneinander die abwickelbaren ganz anders verhalten wie die windschiefen[3].

E. STÜBLER[4] erledigt den Fall der abwickelbaren Profilflächen, der wegen der leichteren Herstellung solcher Flächen praktisch wichtig ist, vollkommen mit der Lehre vom Nullsystem dieser Verzahnung. Die Eingriffsfläche wird von den Profilflächen beim Eingriff in den Punkten einer Kurve (q) berührt, welche eine Orthogonaltrajektorie aller Sekanten N von o_1 und o_2 ist. Kennt man (q), dann läßt sich eine Eingriffsfläche für abwickelbare Flächen konstruieren; man legt durch jeden Punkt von (q) die Achsensekante N und die dazu senkrechte Ebene ε und erhält dann in der Projektion von N* in der Richtung der Zentralachse des Nullsystems auf ε eine Erzeugende der Eingriffsfläche.

[1] Enzykl. d. Math. Wiss. Bd. 3 S. 230—237. — SALKOWSKI, E.: Math. Ann. Bd. 69 (1910) S. 560—579.

[2] Vgl. Fußnote 1, S. 75.

[3] Letztere können sich nämlich nur berühren, wenn die Zentralpunkte der beiden zusammenfallenden Erzeugenden sich decken, für die Berührung zweier abwickelbarer Flächen ist aber dieses Zusammenfallen der Zentralpunkte nicht Bedingung.

[4] Z. angew. Math. Mech. Bd. 2 (1922) S. 429—446.

* N stellt die gemeinschaftliche Normale der Eingriffsfläche und der Profilflächen im Punkt q dar.

Jeder Verzahnung mit abwickelbaren Flächen läßt sich eine konstruktiv einfach zu behandelnde konische Verzahnung (die sphärische Abbildung) zuordnen und es kann umgekehrt aus jeder konischen Verzahnung eine solche mit abwickelbaren Profilflächen bei gekreuzten Radachsen hergeleitet werden. Aus dem Richtungskegel der Normalen N^0 der konischen Verzahnung ergibt sich graphisch die durch $o_1\, o_2$ gehende Regelfläche der Achsensekanten N. Die Ermittlung einer Orthogonaltrajektorie der Regelschar N, mit der die Eingriffsfläche und damit auch die Profilflächen bestimmt sind, macht allerdings im allgemeinen die Integration der Differentialgleichung für (q) erforderlich[1], doch läßt sich deren Ergebnis in einigen wichtigen Fällen mit Beachtung eines von E. STÜBLER[2] angegebenen geometrischen Satzes über die Orthogonaltrajektorien der Erzeugenden einer Regelfläche vorhersehen. E. STÜBLER[3] behandelt auch das Problem der allgemeinen räumlichen Verzahnung mit *krummlinigem* Eingriffe und zeigt, daß die Herleitung aller einer *gegebenen* Eingriffsfläche zugehörigen Profilflächenpaare auf eine partielle Differentialgleichung erster Ordnung führt, deren Lösung fast ganz durch geometrische Betrachtungen ersetzt werden kann; hierbei sind die sog. *Gleitkurvenpaare* von besonderer Bedeutung, das sind diejenigen Kurvenpaare auf den Profilflächen, die bei der Zahnradbewegung aneinandergleiten und sich stets berühren. Zu jeder Orthogonaltrajektorie (q) einer durch $o_1\, o_2$ gehenden Regelfläche gibt es ein Gleitkurvenpaar $G_1\, G_2$, das aus der Kurve (q) durch eine graphische Integration abgeleitet werden kann; durch Zusammensetzung der beiden Gleitkurven entstehen dann die Profilflächen Φ_1 und Φ_2.

Ist die Profilfläche Φ_1 beliebig *vorgegeben*, dann ergibt sich die zugehörige Eingriffsfläche dadurch, daß zunächst für die aus der Drehung von Φ_1 um o_1 folgenden Lagen von Φ_1 die Berührungskurve mit Φ_2 ermittelt wird, welche die Charakteristik bezüglich der durch das Nullsystem bestimmten Schraubung um dessen Zentralachse ist; die Eingriffsfläche setzt sich aus diesen Charakteristiken zusammen. Für spezielle Profilflächen ergeben sich einfache Konstruktionen, z. B. für die Schraubenfläche und senkrecht gekreuzte Radachsen[4].

Hinsichtlich der Krümmungsverhältnisse sei verwiesen auf die für die exakte Verzahnung auf der Kugeloberfläche grundlegenden Arbeiten

---

[1] Ist o_1 die Z-Achse eines orthogonalen Achsenkreuzes, bezüglich dessen die Achse o_2 durch die Gleichungen $x = a$, $y = z \operatorname{tg} \alpha$ bestimmt ist, dann lautet die Gleichung für (q):

$$(x - a)(x\,dx + y\,dy) + (xz - ay \operatorname{cotg}\alpha)\,dz = 0\,.$$

[2] Z. angew. Math. Mech. Bd. 2 (1922) S. 438 (Satz III).

[3] Z. angew. Math. Mech. Bd. 2 (1922) S. 440–446.

[4] Vgl. die von E. STÜBLER angegebene Konstruktion der Eingriffsfläche des Schneckengetriebes: Z. Math. Phys. Bd. 60 (1912) S. 244–274.

von W. HARTMANN[1] über die Kugelzykloiden und Kugelevolventen, auf die Untersuchungen von E. STÜBLER[2] über die Krümmung der Profilflächen und auf die von G. KOENIGS[3] stammende Konstruktion der Krümmungselemente in einem Punkt einer Fläche, die eine gegebene, beliebig bewegte Fläche einhüllt, endlich auf das von M. DISTELI[4] gefundene räumliche Analogon der SAVARYschen Gleichung und ihrer Konstruktion. Hier treten an die Stelle der Krümmungskreise der Polbahnen gewisse Regelschraubenflächen der abschrotenden Axoide, die infolge ihrer geometrischen Beziehungen zu den letzteren als deren Striktionsschraubenflächen zu bezeichnen sind. An die Stelle der Punktbahn tritt im Raume die von einer beliebigen Geraden beschriebene Regelfläche; das räumliche Analogon der SAVARYschen Konstruktion ermöglicht die Konstruktion der augenblicklichen Striktionsschraubenfläche dieser Regelfläche, wenn die augenblicklichen Striktionsschraubenflächen der beiden Axoide bekannt sind[5].

Im Zusammenhange mit dem SAVARYschen Analogon leitet M. DISTELI auch die Sätze von BOBILLIER und ARONHOLD für die allgemeinste räumliche Bewegung ab.

IX. Endliche Bewegungen des starren Körpers.

Die Aufeinanderfolge zweier endlicher Drehungen eines starren Körpers um zwei *parallele* Achsen O_1 und O_2 mit den Drehwinkeln φ_1 und φ_2 ergibt bekanntlich eine Drehung mit dem Drehwinkel $\varphi = \varphi_1 + \varphi_2$ um eine zu O_1 parallele Achse O, deren Durchstoßpunkt o mit einer Normalebene zu O gefunden wird, indem an die Gerade $o_1 o_2$ in O_1 der Winkel $\frac{1}{2}\varphi_1$, in o_2 der Winkel $-\frac{1}{2}\varphi_2$ angetragen wird; o liegt im Schnitte der freien Schenkel dieser beiden Winkel. Folgen n Drehungen um die parallelen Achsen $O_1 O_2 \ldots O_n$ mit den Drehwinkeln $\varphi_1 \varphi_2 \ldots \varphi_k \ldots \varphi_n$ aufeinander, so ist der resultierende Drehwinkel $\varphi = \sum_1^n \varphi_k$, die resultierende Drehachse O kann durch $n-1$ malige Wiederholung des vorstehenden Verfahrens gefunden werden. Diese umständliche Konstruktion läßt sich nach A. ZIWET[6] wesentlich vereinfachen. Sei A ein Punkt des Körpers, der aus einer durch den Vektor $\mathfrak{r}_0 = \overrightarrow{o_1 A_0}$ gegebenen Ausgangslage durch die n Drehungen in die Endlage $A_n (\mathfrak{r}_n = \overrightarrow{o_1 A_n})$ gelangt, so läßt sich

[1] Die Maschinengetriebe 1913 S. 391—439.

[2] Z. angew. Math. Mech. Bd. 2 (1922) S. 435—436.

[3] C. R. Acad. Sci., Paris Bd. 152 (1911) S. 1463—1465; Bd. 153 (1911) S. 998 bis 999 — J. de Math. Bd. 8 (6) (1912) S. 103—158.

[4] Z. Math. Phys. Bd. 62 (1914) S. 261—309.

[5] Der Fall, daß die beiden Axoide Rotationshyperboloide sind, ist besonders behandelt von M. DISTELI: Z. Math. Phys. Bd. 59 (1911) S. 292—298.

[6] Bull. Amer. Math. Soc. Bd. 14 (1908) S. 208—212.

zeigen, daß

$$\mathfrak{r}_n = e^{i\varphi}\mathfrak{r}_0 + \mathfrak{t}_n ,$$

worin

$$\mathfrak{t}_n = e^{i\varphi_n}\{\ldots[e^{i\varphi_3}(e^{i\varphi_2}\mathfrak{c}_1 + \mathfrak{c}_2) + \mathfrak{c}_3] + \cdots \mathfrak{c}_{n-1}\} + \mathfrak{c}_n$$

ein von der besonderen Lage des Punktes A unabhängiger, nach Fig. 24 leicht konstruierbarer Vektor ist und $\overrightarrow{o_2 o_1} = \mathfrak{c}_1$, $\overrightarrow{o_3 o_2} = \mathfrak{c}_2 \ldots$ die gerichteten Seiten des durch die Drehpunkte $o_1 o_2 \ldots o_n$ gebildeten n-Eckes bedeuten, so daß $\sum_1^n \mathfrak{c}_k = 0$.

Demnach setzt sich die resultierende Verschiebung von A zusammen aus einer Drehung um O_1 mit dem Winkel φ und aus der Translation $\mathfrak{t}_n$ von O_1. Der Ortsvektor $\mathfrak{r} = \overrightarrow{o_1 o}$ für den Drehpunkt o der gleichwertigen einfachen Drehung um o ergibt sich mit $\mathfrak{r}_n = \mathfrak{r}_0 = \mathfrak{r}$ aus der ersten Gleichung zu $(1 - e^{i\varphi})\,\mathfrak{r} = \mathfrak{t}_n$ oder $\mathfrak{r} = \dfrac{1}{2\sin\frac{\varphi}{2}}\, e^{i\frac{\pi-\varphi}{2}}\,\mathfrak{t}_n$. Hiernach liegt der Punkt o in der Spitze eines gleichschenkligen Dreieckes, dessen Basis $o_1 t_n$ ist und dessen Winkel bei o gleich φ oder $2\pi - \varphi$ ist, je nachdem $\varphi \lesseqgtr \pi$. Im ersten Falle ist der Drehsinn $o_1 t_n o$ positiv, im letzteren negativ. Für $\varphi = \pi$ besteht die resultierende Bewegung in einer Umwendung um den Mittelpunkt von $o_1 t_n$, $\varphi = 0$ liefert die reine Translation $\mathfrak{t}_n$; dieser Fall liegt vor, wenn die Drehwinkel $\varphi_1 \varphi_2 \ldots \varphi_n$ bzw. gleich sind den Außenwinkeln des Polygons der Drehpunkte $o_1 o_2 \ldots o_n$ und wenn dieses Polygon konvex ist[1].

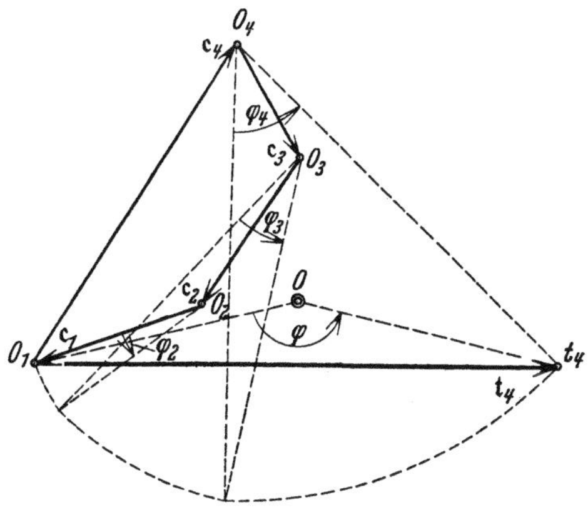

Fig. 24.

Die Zusammensetzung endlicher Drehungen um zwei sich *schneidende* Achsen wird durch eine sehr einfache Konstruktion von C. RUNGE[2] ermöglicht, die auf der Ausnützung der bekannten Eigenschaft der stereographischen Projektion beruht, wonach den Drehungen einer Kugel um ihre Durchmesser Transformationen in der Projektionsebene entsprechen, die Kreise auf der Kugeloberfläche in Kreise in der Abbildung überführen[3]. Enthalten erstere das Projektionszentrum, so sind deren Bilder

[1] Die Translation verschwindet bekanntlich nach W. R. HAMILTON dann, wenn dieses Polygon ein Dreieck ist und die Drehwinkel gleich den doppelten Außenwinkeln sind. Lectures on Quaternions, Dublin 1853. §§ 217, 344.

[2] Z. Math. Phys. Bd. 48 (1903) S. 435–442.

[3] Über die analytische Darstellung dieser Transformationen vgl. L. R. FORD: An intoduction to the theory of automorphic functions. London 1915.

gerade Linien. Hiernach kann die Zusammensetzung zweier endlicher Drehungen ganz ähnlich wie jene zweier sich schneidender Kräfte erfolgen, nur geht die Resultierende nicht durch den gemeinschaftlichen Angriffspunkt; daher ist auch die resultierende Drehung nicht mehr unabhängig von der Reihenfolge der beiden Teildrehungen. Dieses Verfahren ermöglicht auch die Zerlegung einer gegebenen Drehung in drei endliche Drehungen um vorgeschriebene Achsen.

Eine Reihe interessanter Sätze über die endliche Bewegung eines starren Körpers verdankt man E. HENRIOT[1]. Sei Σ ein in *ebener* Bewegung befindliches ebenes System, a eine feste Achse in Σ, v_a die für alle Punkte der Achse a gleiche Gleitgeschwindigkeit, dann ist $T = \int_{t_0}^{t} v_a\,dt$ der ganze tangentiale Weg der Achse a während der Zeit t_0 bis t*.

Ist a_0 eine Achse von Σ, für die der ganze tangentiale Weg T verschwindet, dann ergibt sich für eine im Abstande r gelegte parallele Achse a

$$T = r\psi\,,$$

wobei ψ den ganzen Drehwinkel des Systems Σ während der Zeit t_0 bis t angibt; die Beziehung ist unabhängig von der Richtung von a_0. Ist ψ von Null verschieden, dann schneiden sich alle ∞^1 Achsen a_0 in einem Punkte P, dem *Mittelpunkt der endlichen Bewegung* des ebenen Systems Σ für den betrachteten Zeitraum (t_0, t). Wird dieser Zeitraum (t_0, t) in n endliche Intervalle $(t_0 t_1)$, $(t_1 t_2)$, ..., $(t_{n-1} t)$ zerlegt, denen die endlichen Drehwinkel $\psi_1\,\psi_2\,\ldots\,\psi_n$ und die Mittelpunkte $P_1\,P_2\,\ldots\,P_n$ entsprechen, so ergibt sich der Mittelpunkt P der resultierenden endlichen Bewegung als Schwerpunkt der mit den Massen $\psi_1, \psi_2, \ldots, \psi_n$ belasteten Punkte $P_1, P_2, \ldots, P_n$**. Mit $n \to \infty$ werden die Zeitintervalle unendlich klein, die Bewegungsmittelpunkte $P_1, P_2, \ldots, P_n$ werden die aufeinanderfolgenden, auf dem Bogen $O_0 O$ der Gangpolbahn l in Σ liegenden augenblicklichen Drehpole. Sind R und R' die Krümmungshalbmesser der Gang- und Rastpolbahn für irgendeinen Berührungspunkt der beiden Polbahnen, dann ist der Mittelpunkt der endlichen Bewegung von Σ während des Intervalles (t_0, t) der Schwerpunkt des Bogens $O_0 O$ der Gangpolbahn l, wenn jeder Punkt dieser Linie eine Masse trägt, die für die Einheit der Bogenlänge gleich ist $\frac{1}{R'} - \frac{1}{R}$.

[1] Mathesis Bd. 37 (1923) S. 367–373; Bd. 38 (1924) S. 13–17, 246–250.

* Dieser Weg könnte gemessen werden durch das Rädchen eines AMSLERschen Planimeters, dessen Achse in irgendeinem Punkte von a auf dieser Geraden senkrecht steht.

** Dieser für endliche Drehungen gültige Satz ist das bemerkenswerte Analogon zur bekannten Zusammensetzung von n gleichzeitigen Elementardrehungen um parallele Achsen mit den Winkelgeschwindigkeiten $\omega_1, \omega_2, \ldots, \omega_n$.

Für die endliche *räumliche* Bewegung des freien Systems Σ läßt sich der ganze tangentiale Weg T für irgendeine mit Σ starr verbundene Achse a als Summe der algebraischen Werte der in bezug auf a gebildeten Momente zweier Vektoren $\mathfrak{R}$ und $\mathfrak{R}'$ darstellen. Wird die augenblickliche Bewegung von Σ durch zwei gleichzeitige Drehungen $(\mathfrak{w}, \mathfrak{w}')$ um zwei konjugierte Achsen des durch die Bahnnormalen der Punkte von Σ bestimmten linearen Komplexes Γ definiert, so sind $\mathfrak{R}$ und $\mathfrak{R}'$ mit der Bewegung im Intervalle (t_0, t) durch die Beziehungen verknüpft[1]

$$\int_{t_0}^{t} \mathfrak{M}_a(\mathfrak{w}\, dt) = \mathfrak{M}_a(\mathfrak{R}), \qquad \int_{t_0}^{t} \mathfrak{M}_a(\mathfrak{w}'\, dt) = \mathfrak{M}_a(\mathfrak{R}'),$$

so daß

$$T = \mathfrak{M}_a(\mathfrak{R}) + \mathfrak{M}_a(\mathfrak{R}').$$

Jene Achsen a, für welche T den gleichen Wert behält, bilden einen Komplex erster oder zweiter Ordnung, je nachdem T gleich Null oder von Null verschieden ist[2]. Die Zusammenhänge dieser Komplexe mit der endlichen Bewegung des Systems Σ im Intervalle $(t_0 t)$ sind eingehend untersucht von E. Henriot[3], der auch nachwies, daß der Inhalt des von einer in Σ festen Fläche bei der endlichen Bewegung erzeugten Körpers ebenso groß ist, als wenn Σ eine Schraubenbewegung ausführen würde, die aber im allgemeinen nicht mit jener übereinstimmt, welche das System aus der Anfangslage in die Endlage führte.

B. Graphische Kinetostatik.

I. Einleitung.

31. Die beiden Grundaufgaben. Bewegung des Punktes mit veränderlicher Masse. Die Kinetostatik befaßt sich mit der Aufgabe, für den einzelnen starren Körper oder für ein System von gelenkig verbundenen starren Körpern (Körperkette), dessen Beweglichkeit durch Führungen gewissen Beschränkungen unterworfen ist, die Auflager- (Führungskräfte) und Gelenkdrücke sowie die inneren Spannungen für beliebige Querschnitte der bewegten Glieder zu ermitteln. Die analytische

[1] $\mathfrak{M}_a$ ist das Symbol für ein Achsenmoment um die Achse a.

[2] Der Komplex zweiter Ordnung ist einer der von J. Neuberg untersuchten Komplexe; Annaes scient. Acad. Polyt. Porto Bd. 1 (1905) S. 137—150. Ein ähnlicher Komplex ist bereits verbunden mit der augenblicklichen Bewegung des Systems Σ; er wird gebildet von den Achsen, für welche die senkrechten Projektionen der Geschwindigkeiten ihrer Punkte gleiche, von Null verschiedene Länge haben.

[3] Vgl. Fußnote 1 auf S. 80.

Lösung wurde in umfassender Weise gegeben von K. HEUN[1], für die graphischen Lösungen, die auf die Anlage dynamischer Kraftpläne ausgehen, wurden maßgebend vor allem die Arbeiten F. WITTENBAUERS[2], die ausschließlich ebene Probleme betreffen; die Erweiterung für räumliche Probleme stammt von K. FEDERHOFER[3].

Handelt es sich um den augenblicklichen Bewegungszustand, also nicht um den Ablauf der Bewegung während einer endlichen Zeit, dann kann der Geschwindigkeitszustand als etwas Gegebenes angesehen werden. Dann ist zur Lösung der oben umschriebenen Aufgabe zunächst aus dem gegebenen Geschwindigkeitszustande der durch die bekannten eingeprägten Kräfte bei bekannter Massenverteilung hervorgerufene Beschleunigungszustand der Körperkette oder des einzelnen geführten Körpers zu ermitteln und es sind sodann dessen Beziehungen mit den Führungskräften darzustellen (1. WITTENBAUERsche Grundaufgabe). Mit ihrer Kenntnis sind auch die inneren Spannungen bestimmt.

Ist außer dem Geschwindigkeitszustande, der Massenverteilung und den eingeprägten Kräften auch ein bestimmter Beschleunigungszustand vorgegeben, der nicht durch die gegebenen eingeprägten Kräfte allein erzeugt wird, so kann man nach jener Kraft fragen, die, an beliebig gewähltem Angriffspunkt und in beliebiger Wirkungslinie wirkend, im Verein mit den übrigen Kräften bei Einhaltung der gegebenen Führungsbedingungen zum vorgegebenen Beschleunigungszustand führt (2. WITTENBAUERsche Grundaufgabe).

Die Ermittlung der Führungskräfte und der Spannungen für den *ganzen endlichen* Ablauf der Bewegung erfordert aber die vorherige Lösung des *kinetischen* Problems: aus den eingeprägten Kräften und bei gegebener Massenverteilung und bekanntem Anfangszustande den *vollständigen* Bewegungsverlauf zu bestimmen. Für die Durchführung dieser in ihrer Besprechung außerhalb des Rahmens dieses Berichtes fallenden dynamischen Aufgabe hat F. WITTENBAUER[4] einfache graphische Methoden bei Beschränkung auf die Dynamik des ebenen zwangläufigen Getriebes gegeben. Diese Verfahren beruhen auf der Zurückführung des dynamischen Problems auf die graphische Dynamik eines einzelnen Punktes mit veränderlicher Masse; hierbei handelt es sich nicht um eine wirkliche Änderung der Masse, sondern um eine bloß gedachte, nämlich um den infolge Lagenänderung der bewegten Massen

[1] Z. Math. Phys. Bd. 56 (1908) S. 38 — Arch. Math. Phys. Bd. 2 (2) (1902) S. 57—77, 298—326 — Lehrbuch der Mechanik, 1. Teil (Sammlung Schubert Bd. 37). Leipzig 1906 — Enzykl. math. Wiss. Bd. 4 (11) Nr. 8. — GEIGER-SCHEEL: Handb. d. Physik, TH. PÖSCHL, Bd. 5 (1927) S. 498ff. — GUGINO, E.: C. R. Acad. Sci., Paris Bd. 191 (1930) S. 1118—1121.

[2] Graphische Dynamik. Berlin: Julius Springer 1923.

[3] Graphische Kinematik und Kinetostatik des starren räumlichen Systems. Wien: Julius Springer 1928.

[4] a. a. O. S. 708—742.

bewirkten veränderlichen Einfluß der Massen des Getriebes auf die Bewegung. Da für die gedachte Änderung der Masse das Arbeitsprinzip seine Gültigkeit behält[1], so kann hiernach die Geschwindigkeit des „Reduktionspunktes“ mit veränderlicher Masse ermittelt werden. Der einzelne Punkt mit veränderlicher Masse (Reduktionspunkt) hat das gesamte bewegte Massensystem dynamisch zu ersetzen, es bestimmt sich demnach das einfache Ersatzsystem aus der Forderung, daß es in jeder Lage des Getriebes die gleiche kinetische Energie und die gleiche virtuelle Arbeit besitzt wie das ursprüngliche System; die hiernach erforderliche Reduktion der Massen eines Getriebes nach einem ausgezeichneten Punkte erfolgt am zweckmäßigsten mit Benutzung der dynamischen Ersatzpunkte, deren Theorie für die Zwecke der graphischen Dynamik eben bewegter Systeme ausführlich von F. WITTENBAUER[2] entwickelt worden ist. Die Reduktion der an den einzelnen Gliedern des Getriebes wirkenden eingeprägten Kräfte nach dem ausgezeichneten Punkte (reduzierte Kraft) kann sehr einfach mit Verwendung des Geschwindigkeitsplanes des Getriebes oder der gedrehten Geschwindigkeiten geschehen; hierbei werden Kräfte, die nicht in den Gelenken angreifen, statisch auf die nächsten Gelenkstellen aufgeteilt.

Ist die Bewegung der räumlichen oder ebenen Körperkette entweder auf graphischem oder analytischem Wege bestimmt worden, dann kann die eigentlich kinetostatische Aufgabe in Angriff genommen werden, wobei man sich des D'ALEMBERTschen Prinzipes bedient, das die Zurückführung des dynamischen Problems auf ein statisches gestattet[3]. Nach diesem bildet das System der Trägheitskräfte des bewegten Systems mit den eingeprägten Kräften und Führungsreaktionen ein Gleichgewichtssystem. Ist das System der Beschleunigungsdrücke (bzw. der mit diesen bis auf das Vorzeichen gleichen Trägheitskräfte) graphisch festgelegt, so können die bekannten Methoden der graphischen Statik zur Lösung der kinetostatischen Probleme herangezogen werden.

---

[1] WITTENBAUER: Z. Math. Phys. Bd. 52 (1905) S. 150 — Graphische Dynamik, S. 659ff. — FEDERHOFER: Mitt. deutsch. Ing.-Ver. Brünn Bd. 11 (1922) S. 83, 115. — Die Untersuchung der Bewegung von Massenpunkten mit *wirklich* veränderlicher Masse spielt in der Astronomie (Änderung der Masse eines Himmelskörpers infolge Auffliegens von Meteoren) und in der Theorie der Gasmoleküle eine gewisse Rolle. Vgl. die Arbeiten von I. MESTSCHERSKY u. STRÖMGREN [Astron. Nachr. Bd. 159 (1902); Bd. 163 (1903)], T. LEVI-CIVITA, E. ALMANSI, M. MANARINI, G. VRANCEANU, E. FERMI, D. GRAFFI [Lincei Rendiconti, Rom Bd. 8 (6) (1928); Bd. 9 (1929); Bd. 11 (1930); Bd. 12 (1931)]. — LOVETT, E. O.: Lincei Rend. Bd. 31 (5) [1] (1922). — MADERNI, C.: ebenda Bd. 30 (5) [1] (1921).

[2] Graphische Dynamik. S. 139—164.

[3] Zum Verständnis des D'ALEMBERTschen Prinzipes. HAMEL, G.: Z. techn. Physik Bd. 3 (1922) S. 181—182.

II. Das System der Beschleunigungsdrücke.

a) Das starre ebene System (die Scheibe).

Für die Scheibe von der Masse m, dem Trägheitshalbmesser i_s für den Schwerpunkt S, der Schwerpunktsbeschleunigung $\mathfrak{b}_S$ und der Winkelbeschleunigung ε besteht das System der Beschleunigungsdrücke aus der im Schwerpunkte angreifenden Kraft $\mathfrak{B} = m\mathfrak{b}_S$ und aus einem Kraftpaare vom Betrage $\varepsilon m i_S^2$, dessen Drehsinn mit jenem von ε übereinstimmt.

32. Methode der Ersatzpunkte. Wird die Masse m der Scheibe durch n *statisch* gleichwertige Ersatzpunkte m_n ersetzt, so kann nach F. WITTENBAUER[1] der gesamte Beschleunigungsdruck der Scheibe ersetzt werden durch die Beschleunigungsdrücke der statischen Ersatzpunkte $A, B, C, \ldots$, wenn in jedem derselben außer seiner Beschleunigung $\mathfrak{b}_A, \mathfrak{b}_B, \mathfrak{b}_C, \ldots$ auch noch die Beschleunigungen $c_A, c_B, c_C, \ldots$ senkrecht zu den Abständen $\overline{SA} = p_1$, $\overline{SB} = p_2, \ldots$ angebracht werden, und zwar um S gegen den Sinn von ε drehend; hierin ist $c_A = k\varepsilon p_1$ und analog $c_B, c_C, \ldots$, wobei

$$k = 1 - \frac{m i_S^2}{\Sigma(m_n p_n^2)} .$$

Für die Ermittlung des Systems der Beschleunigungsdrücke von ebenen kinematischen Ketten sind von besonderer Wichtigkeit die Sonderfälle $n = 2$ und $n = 3$, da sie es ermöglichen, die Beschleunigungsdrücke der Kette durch Kräfte darzustellen, die nur in den Gelenken der Kette wirken.

Für $n = 2$ muß die Verbindungslinie der beiden Ersatzpunkte AB den Schwerpunkt S enthalten, und es bilden die dann gleichen Drücke $m_A c_A = m_B c_B$ ein Kraftpaar vom Betrage $Kl = m\varepsilon(p_1 p_2 - i_S^2)$ mit dem Gegensinne von ε $(l = \overline{AB})$. Für $n = 3$ kann der Beschleunigungsdruck der Scheibe ersetzt werden durch die drei Kräfte $m_A\mathfrak{b}_A$, $m_B\mathfrak{b}_B$, $m_C\mathfrak{b}_C$ (wo $m_A\, m_B\, m_C$ die nach dem Schwerpunktsgesetze auf die Punkte $A\,B\,C$ verteilten Massen sind) und durch die drei Kraftpaare

$$K_1 a = m_A\,\varepsilon(p_1^2 - i_S^2)$$
$$K_2 b = m_B\,\varepsilon(p_2^2 - i_S^2)$$
$$K_3 c = m_C\,\varepsilon(p_3^2 - i_S^2) ,$$

wo $a = \overline{BC}$, $b = \overline{AC}$, $c = \overline{AB}$.

Die Kräfte $K_1 K_2 K_3$ greifen in den Punkten ABC paarweise derart an, daß alle drei Kraftpaare im Gegensinne von ε drehen. Bei negativ ausfallenden statischen Ersatzmassen ändert der zugehörige Beschleunigungsdruck den Richtungssinn.

Obgleich die Beschleunigungsdrücke der bei der Massenreduktion verwendeten *dynamischen* Ersatzpunkte in ihrer Gesamtheit bereits das

[1] a. a. O. S. 180.

System der Beschleunigungsdrücke liefern, ohne daß noch zusätzliche Kraftpaare hinzuzufügen sind, so erweist sich bei der Lösung kinetostatischer Aufgaben von ebenen kinematischen Ketten die Verwendung der *statischen* Ersatzpunkte weitaus vorteilhafter, da bei diesen die Schwerpunkte der einzelnen Glieder *nicht* zu den Ersatzpunkten gezählt werden müssen.

33. Direkte Methoden. a) G. MARX[1] und F. PROEGER[2] ersetzen das Kraftpaar $\varepsilon m i_S^2$ durch zwei gleich große, gegensinnige parallele Kräfte, deren Angriffspunkte zweckmäßig in zwei Gelenkpunkten AB des Systems und deren Richtungen senkrecht zu $AB = l$ angenommen werden, wobei

$$K_A = -K_B = \frac{m i_S^2}{l^2} b_{BA,2};$$

$b_{BA,2}$ ist die relative Tangentialbeschleunigung der beiden Gelenke, die aus einem Beschleunigungsplane entnommen werden kann.

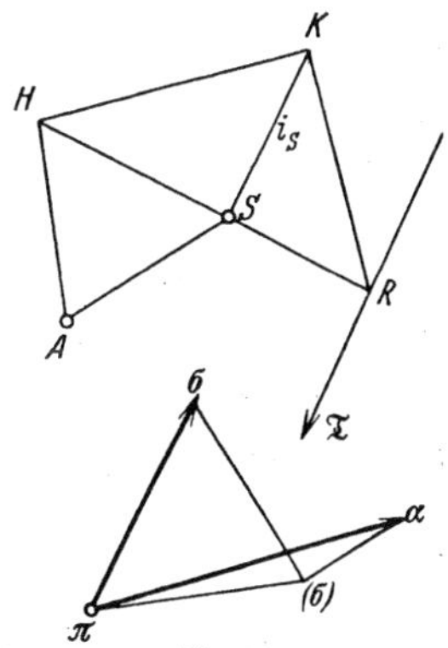

Fig. 25.

b) Das Hinzutreten des Kraftpaares $m \varepsilon i_S^2$ zu der im Schwerpunkte angreifenden Kraft $m\mathfrak{b}_S$ bewirkt deren Parallelverschiebung, so daß sich der resultierende Beschleunigungsdruck der Scheibe als eine aus dem Schwerpunkte verschobene Einzelkraft darstellen läßt. W. SCHELL[3] und nach ihm O. MOHR[4] und H. ALT[5] haben gezeigt, daß die Lage dieser Kraft einfach zu konstruieren ist, wenn der Beschleunigungspol P der ebenen Bewegung der Scheibe bekannt ist; der resultierende Beschleunigungsdruck geht durch den Antipol E von P bezüglich des um den Schwerpunkt S geschlagenen Kreises vom Halbmesser i_s.

c) K. FEDERHOFER[6] konstruiert die Lage des resultierenden Beschleunigungsdruckes auf *linearem* Wege *ohne vorherige Konstruktion des Beschleunigungspoles P,* wenn der Beschleunigungszustand durch die Beschleunigung des Schwerpunktes S und eines beliebigen Systempunktes A gegeben ist. Man zeichnet (Fig. 25) mit den beiden Beschleunigungen $\mathfrak{b}_A = \overrightarrow{\pi\alpha}$ und $\mathfrak{b}_S = \overrightarrow{\pi\sigma}$ einen Beschleunigungsplan, dessen Nullpunkt π ist, zieht durch α die Parallele und durch σ die Normale zu AS, die sich in (σ) schneiden. Der Schnitt der Normalen durch A zu $\pi(\sigma)$ und durch S zu $\pi\sigma$ liefert den Punkt H; der resultierende Beschleunigungsdruck ist dann die Antipolare von H bezüglich des um S geschlagenen Kreises vom Halbmesser i_S. Kennt man anstatt der Beschleunigung $\mathfrak{b}_S$ die

---

[1] Hütte, Des Ingenieurs Taschenbuch, 25. Aufl., Bd. 1, S. 288—309.
[2] Mitt. Forsch.-Arb., herausgeg. vom VDI 1926 H. 285.
[3] Theorie der Bewegung und der Kräfte Bd. 2 S. 392. Leipzig 1880.
[4] Z. Math. Phys. Bd. 51 (1904) S. 32.
[5] Z. angew. Math. Mech. Bd. 6 (1926) S. 58.
[6] Z. Ver. Deutsch. Ing. Bd. 74 (1930) S. 234.

eines beliebigen anderen Systempunktes B nebst jener von A, dann ist zunächst nach dem Ähnlichkeitssatz von R. MEHMKE aus der Ähnlichkeit der Dreiecke ABS und $\alpha\beta\sigma$ der Beschleunigungspunkt σ zu bestimmen, worauf die angegebene Konstruktion durchführbar ist.

d) Von O. TOLLE[1] stammt eine bemerkenswert einfache Konstruktion für den resultierenden Beschleunigungsdruck einer eben bewegten Scheibe, die ebenso wie die vorher gezeigte von der Benutzung des Beschleunigungspoles P (der häufig außerhalb des Zeichenblattes fällt) frei ist und den besonderen Vorteil besitzt, einen für alle Lagen des bewegten Systems gleichbleibenden Hilfspunkt zu verwenden. Sind wieder $\mathfrak{b}_A$ und $\mathfrak{b}_S$ gegeben, so bestimmt man zunächst den Antipol T_A von A bezüglich des Kreises um S mit dem Halbmesser i_S, setzt die beiden Beschleunigungsvektoren im Schwerpunkte S an und zieht durch T_A die Parallele zur Verbindung der Vektorspitzen von $\mathfrak{b}_A$ und $\mathfrak{b}_S$ bis zum Schnitte D mit $\mathfrak{b}_A$; dann ist D ein Punkt der Wirkungslinie des resultierenden Beschleunigungsdruckes, der parallel zu $\mathfrak{b}_S$ läuft.

34. Analyse des Systems der Beschleunigungsdrücke der zwangläufig bewegten Scheibe. Für das zwangläufig geführte ebene System ist durch die Art der Führung die Lage des augenblicklichen Drehpoles O sowie jene des Wendepoles J nach bekannten Konstruktionen (3) vollständig bestimmt. Der über $\overline{OJ}$ als Durchmesser beschriebene Wendekreis enthält alle für das vorliegende zwangläufige System möglichen ∞^1 Lagen des Beschleunigungspoles P. Ist m die Masse der Scheibe, S ihr Schwerpunkt und i_S ihr Trägheitshalbmesser für den Schwerpunkt, so sind durch die hiermit bekannten dynamischen Eigenschaften der Scheibe, durch die augenblickliche Winkelgeschwindigkeit ω und durch den Wendekreis die ∞^1 resultierenden Beschleunigungsdrücke der Scheibe bestimmt und man kann nach den Eigenschaften dieses Kraftsystems der Beschleunigungsdrücke fragen. Die Beantwortung dieser Frage ist in einem Satze enthalten, den TH. PÖSCHL[2] gelegentlich der Untersuchung der Kraftsysteme, die bei der Bewegung des ebenen Systems gewisse Pole erzeugen, gefunden hat; er lautet:

Die Gesamtheit aller ∞^1 Kräfte der Ebene, welche bei gegebenem O und ω einen Punkt J als Wendepol erzeugen, erfüllt ein geradlinig begrenztes Kraftbüschel, dessen Mittelpunkt T auf JS in einer Entfernung ST liegt, die durch $\overline{ST}\cdot\overline{SE} = i_S^2$, $OE \perp JS$ bestimmt ist und dessen Begrenzungslinie für das nach S reduzierte Büschel durch J geht und auf OS senkrecht steht. TH. PÖSCHL beweist diesen Satz mit Benutzung der Eigenschaften des Beschleunigungspolkreises zweiter Art und der Wendepolgeraden; einen einfachen Beweis, der sich nur auf die

[1] Ing.-Arch. Bd. 1 (1930) S. 377—384.

[2] S.-B. Akad. Wiss. Wien, Abt. IIa, Bd. 118 (1909) S. 530 — Z. Math. Phys. Bd. 60 (1912) S. 161, 167.

bekannten Eigenschaften des Beschleunigungszustandes eines ebenen Systems stützt, hat K. FEDERHOFER[1] gegeben.

Nach dem angeführten Satze ist auch das System der Trägheitskräfte einer Scheibe bei gegebenem J identisch mit einem geradlinig begrenzten Kraftbüschel, dessen Begrenzungslinie parallel zu $\mathfrak{v}_S$ ist und dessen Mittelpunkt mit T (dem Trägheitspol der Scheibe) zusammenfällt, ein Ergebnis, das H. WINTER[2] mit Verwertung des Satzes von E. STÜBLER über die Ähnlichkeit der Beschleunigungspunktreihen (22) bewiesen und zur Darstellung eines neuen Verfahrens der kinetostatischen Untersuchung ebener Getriebe (43) benutzt hat. Durch den WINTERschen Trägheitspol und die durch den Wendepol J zu OS gezogene Normale N ist das System der bei der zwangläufig bewegten Scheibe möglichen ∞^1 resultierenden Beschleunigungsdrücke vollkommen festgelegt.

Nach der Beweisführung H. WINTERS läßt sich das System der resultierenden Trägheitskräfte auch in der folgenden, für die kinetostatischen Anwendungen auf Getriebe wichtigen Art darstellen: Es besteht aus einer Trägheitskraft $\mathfrak{T}_r = -m\mathfrak{b}_S^0$, die einem mit den gegebenen Führungen des Systems verträglichen, sonst beliebig gewählten Beschleunigungszustande entspricht (die am bequemsten nach 33 c oder d zu konstruieren ist) und aus den ∞^1 Trägheitskräften $\mathfrak{T}_r' = -m\lambda\mathfrak{v}_S$, die lediglich abhängig sind von dem Geschwindigkeitszustande und dem für alle Systempunkte gleichen Ähnlichkeitsparameter λ (wo λ alle Werte zwischen $-\infty$ und $+\infty$ annehmen kann).

Diese mit λ linear veränderlichen Zusatzkräfte $\mathfrak{T}_r'$ gehen als Resultierende der elementaren Bewegungsgrößen des ebenen Systems stets durch den Schwingungsmittelpunkt der im Momentanzentrum drehbar gedachten Scheibe[3], dessen Lage durch die Art des Zwanglaufes bestimmt ist[3]. Demnach schneiden sich alle mit festem $\mathfrak{b}_S$ nach der Gleichung

$$\mathfrak{T}^* = \mathfrak{T}_r + \mathfrak{T}_r' = -m(\mathfrak{b}_S^0 + \lambda\mathfrak{v}_S)$$

gebildeten resultierenden Trägheitskräfte in einem Punkte, dem *Trägheitspol T*, und sie bilden ein geradlinig begrenztes Kraftbüschel mit einer zu $\mathfrak{v}_S$ parallelen Begrenzungslinie. Bei der kinetostatischen Untersuchung eines einzelnen ebenen oder räumlichen Systems empfiehlt sich nach TH. PÖSCHL[4] und K. FEDERHOFER[4] die Einführung der reduzierten Trägheitskräfte $\mathfrak{t} = \mathfrak{T}/m$.

[1] Mh. Math. Phys. Bd. 38 (1931) S. 123—128. Die hier benutzte Beweisführung liefert auch unmittelbar die Bestätigung für ein von J. SUDRIA gefundenes Ergebnis, nach welchem alle Systempunkte, deren augenblickliche Beschleunigungen zum Schwerpunkte S gerichtet sind, auf einem Kreise liegen, der die Inversion des dem Beschleunigungssystem zugehörigen resultierenden Beschleunigungsdruckes $\mathfrak{B}$ in bezug auf den Schwerpunkt mit dem Modul i_S^2 ist. [Nouv. Ann. Math. Bd. 2 (5) (1923) S. 25—27.]

[2] S.-B. Akad. Wiss. Wien, Abt. IIa, Bd. 139 (1930) S. 151—164.

[3] Siehe W. SCHELL: Theorie der Bewegung und der Kräfte, Bd. 2 S. 358, Leipzig 1880, und K. FEDERHOFER: Ing.-Arch. Bd. 1 (1930) S. 600.

[4] Vgl. Fußnote 1 auf S. 6 und Graphische Kinematik, S. 62.

35. Analyse des Systems der Beschleunigungsdrücke der eben bewegten Scheibe mit zwei Freiheitsgraden. Büßt eine in der Ebene vollkommen freie Scheibe (mit drei Freiheitsgraden) einen Freiheitsgrad ein, etwa dadurch, daß ein Punkt A der Scheibe in einer Kurve geführt wird, dann heißt dieses System ein flächenläufiges, weil sich nun jeder Punkt des Systems nur innerhalb einer bestimmten begrenzten Fläche bewegen kann. Der Geschwindigkeitszustand dieses Systems ist durch die Geschwindigkeit des geführten Punktes A und durch die Richtung der Geschwindigkeit eines zweiten Systempunktes B gegeben. Durch die Gleichung $\mathfrak{b}_A^1 = \mathfrak{b}_A^0 + \lambda_A \mathfrak{v}_A$ sind die ∞^1 Beschleunigungszustände des Punktes A, dessen Bahn den Krümmungshalbmesser $\overline{A\Omega} = \varrho$ besitze, dargestellt, wobei $b_A^0 = \frac{v_A^2}{\varrho}$ die Normalbeschleunigung von A und $\lambda_A = \frac{\varepsilon_A}{\omega_A}$ das Verhältnis der Winkelbeschleunigung ε_A zur Winkelgeschwindigkeit ω_A der Drehung des Strahles ΩA bedeutet. Die Mannigfaltigkeit der ∞^2 Beschleunigungszustände des flächenläufigen ebenen Systems wird durch die beiden Parameter λ_A und λ gekennzeichnet, wo λ das Verhältnis $\frac{\varepsilon}{\omega}$ für das bewegte System angibt.

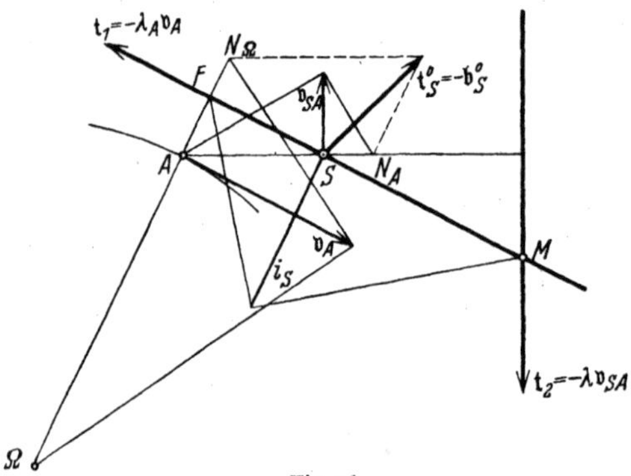

Fig. 26.

Das diesen ∞^2 Beschleunigungszuständen zugeordnete System der ∞^2 resultierenden Beschleunigungsdrücke ist nach K. FEDERHOFER[1] dargestellt durch

$$\mathfrak{B} = m[\mathfrak{b}_S^0 + \lambda_A \mathfrak{v}_A + \lambda \mathfrak{v}_{SA}];$$

es ist hiernach charakterisiert durch eine im Schwerpunkte S angreifende Kraft $\mathfrak{B}^0 = m\mathfrak{b}_S^0$ von bekannter Größe, Lage und Richtung sowie durch zwei Kräfte, angreifend im Punkte M, der als Antipol von ΩA bezüglich des um S geschlagenen Kreises vom Halbmesser i_S erhalten wird. Dieser Punkt M ist durch die Richtung der Geschwindigkeit des geführten Punktes A und durch die dynamischen Eigenschaften des bewegten Systems vollständig bestimmt und ist demnach ein für alle ∞^2 Beschleunigungszustände charakteristischer Punkt (*Trägheitspol des flächenläufigen Systems*). Demnach bleiben auch die zu ΩA und AS normalen Wirkungslinien dieser beiden Kräfte für alle Beschleunigungszustände die gleichen, die Größe der Kräfte ist linear veränderlich mit den Parametern λ_A und λ.

[1] S.-B. Akad. Wiss. Wien, Abt. IIa, Bd. 139 (1930) S. 19—40.

Die Kraft $\mathfrak{B}_S^0$ entspricht dem Falle „reiner Normalbeschleunigung", für sie gilt

$$\mathfrak{B}_S^0 = m\left[\mathfrak{w}_A \times \mathfrak{w}_A \times \overrightarrow{\Omega A} + \mathfrak{w} \times \mathfrak{w} \times \overrightarrow{AS}\right].$$

Fig. 26 zeigt die graphische Darstellung des Systems der reduzierten Trägheitskräfte eines flächenläufigen ebenen Systems.

36. Analyse des Systems der Beschleunigungsdrücke der Mehrkurbelgetriebe. Die bezüglichen neuen Ergebnisse sollen für das Dreikurbelgetriebe angeführt werden, ihre Verallgemeinerung auf das n-Kurbelgetriebe ist ohne weiteres möglich.

Nach (13) ist der endgültige Beschleunigungszustand eines Dreikurbelgetriebes im losen Aufbau das Ergebnis der Überlagerung der Fälle I bis III und des Falles reiner Normalbeschleunigung der drei Kurbeln. Jede der drei Kurbeln I, II, III hat ein System von ∞^1 Beschleunigungsdrücken entsprechend dem der betreffenden Kurbel zugehörigen Parameter $(\lambda_I\, \lambda_{II}\, \lambda_{III})$. Der resultierende Beschleunigungsdruck einer Koppel, etwa der Koppel 1, ist aber abhängig von *allen drei Parametern* λ_I, λ_{II}, λ_{III}; nach K. FEDERHOFER[1] ergibt sich für diesen

$$\mathfrak{B}_1 = \mathfrak{B}_{10} + \mathfrak{B}_{1I} + \mathfrak{B}_{1II} + \mathfrak{B}_{1III},$$

wo

$$\mathfrak{B}_{10} = m_1 \mathfrak{b}_{S10}, \quad \mathfrak{B}_{1I} = m_1 \mathfrak{s}_{1I}, \quad \mathfrak{B}_{1II} = m_1 \mathfrak{s}_{1II}, \quad \mathfrak{B}_{1III} = m_1 \mathfrak{s}_{1III}.$$

Hierin bedeuten $\mathfrak{s}_{1I}$, $\mathfrak{s}_{1II}$, $\mathfrak{s}_{1III}$ die aus den Geschwindigkeitsplänen für die Fälle I bis III zu entnehmenden Geschwindigkeiten des Schwerpunktes S_1 der Koppel 1, während $\mathfrak{b}_{S10}$ die Beschleunigung dieses Schwerpunktes für den Fall reiner Normalbeschleunigung der drei Kurbeln angibt. Hiernach erscheint der resultierende Beschleunigungsdruck einer Koppel zerlegt in vier Teilkräfte, deren Wirkungslinien durch den gegebenen Geschwindigkeitszustand (unabhängig von den Parametern λ) vollständig festgelegt sind. Die Wirkungslinien der nach obigen Gleichungen von den Parametern $\lambda_I\, \lambda_{II}\, \lambda_{III}$ linear abhängigen Beschleunigungsdrücke (letztere sind die resultierenden Bewegungsgrößen der Koppel 1 für die den Fällen I bis III entsprechenden Geschwindigkeitszustände) schneiden sich in einem Punkte M_1, dem Antipole der Kurbelachse I (Trägheitspol der Koppel 1); die Wirkungslinien $\mathfrak{B}_{1II}$ und $\mathfrak{B}_{1III}$ decken sich. Analoge Sätze gelten für die Wirkungslinien der Beschleunigungsdrücke der Koppeln 2 und 3; hier kommen die Antipole der Kurbeln II und III als charakteristische Büschelmittelpunkte M_2 und M_3 in Betracht.

Für den Beschleunigungsdruck der Schließe $B_I B_{II} B_{III}$ mit der Masse m_S und dem Schwerpunkte S_S ergibt sich analog dem obigen Ansatze

$$\mathfrak{B}_S = \mathfrak{B}_{S0} + \mathfrak{B}_{SI} + \mathfrak{B}_{SII} + \mathfrak{B}_{SIII},$$

wo

$$\mathfrak{B}_{S0} = m_S \mathfrak{b}_{S0}, \quad \mathfrak{B}_{SI} = \lambda_I m_S \mathfrak{s}_{SI}, \quad \mathfrak{B}_{SII} = \lambda_{II} m_S \mathfrak{s}_{SII}, \quad \mathfrak{B}_{SIII} = \lambda_{III} m_S \mathfrak{s}_{SIII}.$$

[1] Ing.-Arch. Bd. 1 (1930) S. 600–610.

Hierin sind $\mathfrak{z}_{SI}$, $\mathfrak{z}_{SII}$, $\mathfrak{z}_{SIII}$ die aus den Geschwindigkeitsplänen für die Fälle I bis III zu entnehmenden Geschwindigkeiten des Schwerpunktes S_S, während $\mathfrak{b}_{S_0}$ seine dem Falle reiner Normalbeschleunigung der Kurbeln entsprechende Beschleunigung angibt. Die Wirkungslinie von $\mathfrak{B}_{S_0}$ wird zweckmäßig nach den in (33, c, d) angegebenen Verfahren konstruiert, die Wirkungslinien der drei übrigen Teilkräfte, in die der Beschleunigungsdruck zerlegt erscheint, sind als Antipolaren der Drehpole O_{SI}, O_{SII} und O_{SIII} bezüglich des um S_S geschlagenen Kreises zu konstruieren, dessen Halbmesser gleich ist dem Trägheitshalbmesser der Schließe für ihren Schwerpunkt; die bezeichneten Pole O sind die Drehpole der Schließe für ihre den Fällen I bis III zugehörigen zwangläufigen Bewegungen.

b) Das starre räumliche System.

37. Das räumliche Kraftsystem der Beschleunigungsdrücke. Seien $\mathfrak{v}_S$, $\mathfrak{b}_S$ die Geschwindigkeit und Beschleunigung des Schwerpunktes S eines starren Körpers von der Masse m, $\mathfrak{w}$, $\mathfrak{l}$ die Vektoren der Winkelgeschwindigkeit und Winkelbeschleunigung, dann setzt sich die Bewegung des Körpers aus einer durch ($\mathfrak{v}_S$, $\mathfrak{b}_S$) bestimmten Translation und einer Drehung um den festgehaltenen Schwerpunkt S mit $\mathfrak{w}$, $\mathfrak{l}$ zusammen. Der mit $\mathfrak{b}_S$ beschleunigten Translation entspricht ein in S wirkender Beschleunigungsdruck

$$\mathfrak{B} = m\mathfrak{b}_S,$$

während die Vereinigung aller elementaren Beschleunigungsdrücke des um S rotierenden Körpers zu einem Momente $\mathfrak{M}$ führt, für das nach der EULERschen Gleichung gilt:

$$\mathfrak{M} = \frac{d\mathfrak{D}}{dt} + \mathfrak{w} \times \mathfrak{D},$$

worin $\mathfrak{D}$ den Drall (Schwung) des rotierenden Körpers, $\frac{d\mathfrak{D}}{dt}$ seine zeitliche Änderung in bezug auf den bewegten Körper bedeutet.

Das räumliche Kraftsystem der Beschleunigungsdrücke ist damit durch $\mathfrak{B}$ und $\mathfrak{M}$ bestimmt.

Für die Richtungen der Hauptachsen (1, 2, 3) des Schwerpunktes besitzt der Drallvektor die Komponenten

$$D_1 = J_1\omega_1, \quad D_2 = J_2\omega_2, \quad D_3 = J_3\omega_3$$

und der Vektor $\mathfrak{Z} = \frac{d\mathfrak{D}}{dt}$ die Teile $Z_1 = J_1 l_1$, $Z_2 = J_2 l_2$, $Z_3 = J_3 l_3$, wobei $J_1 = mi_1^2$, $J_2 = mi_2^2$, $J_3 = mi_3^2$ die Hauptträgheitsmomente, $\omega_1\omega_2\omega_3$ und $l_1 l_2 l_3$ die Komponenten von $\mathfrak{w}$ und $\mathfrak{l}$ in den Hauptachsen bedeuten.

Für die graphische Kinetostatik des räumlichen Systems ist die Konstruktion des Vektors $\mathfrak{M}$ erforderlich, die mit jener der Vektoren

$\mathfrak{D}$ und $\mathfrak{Z}$ erledigt wird. Für letztere läßt sich nach K. FEDERHOFER[1] eine einfache lineare Konstruktion angeben. Die durch die Spitze des Drallvektors gelegte Normalebene zur Hauptachse „1" schneidet aus dieser die Strecke $\overline{S\delta_1} = J_1\omega_1$ ab, somit auf dem Vektor $\mathfrak{w}$ die Strecke $\overline{SE_1} = J_1\omega$. Gleiches gilt für die beiden anderen Hauptachsen. Werden daher auf $\mathfrak{w}$ von S aus die Längen

$$\overline{SE_1} = J_1\omega, \qquad \overline{SE_2} = J_2\omega, \qquad \overline{SE_3} = J_3\omega$$

aufgetragen und durch die so erhaltenen Punkte $E_1E_2E_3$ die Normalebenen zu den zugehörigen Hauptachsen 1, 2, 3 gelegt, so schneiden sich diese in der Spitze des gesuchten Drallvektors $\mathfrak{D}$. Die Form der Gleichungen für die Komponenten des Vektors $\mathfrak{Z}$ läßt erkennen, daß auch dieser durch eine der eben angegebenen Konstruktion ähnliche gewonnen werden kann, wobei anstatt der Punkte $E_1E_2E_3$ die Punkte $F_1F_2F_3$ auf dem Vektor $\mathfrak{l}$ zu benutzen sind, für welche

$$\overline{SF_1} = J_1 l, \qquad \overline{SF_2} = J_2 l, \qquad \overline{SF_3} = J_3 l.$$

Diese Konstruktionen werden zweckmäßig für den *reduzierten* Drallvektor bzw. das *reduzierte* Moment durchgeführt, indem Drall bzw. Moment durch $mc\omega$ bzw. $mc\omega^2$ dividiert werden, wodurch diese reduzierten Vektoren als *Strecken* erscheinen. (c ist eine beliebig wählbare Länge, z. B. bei Benutzung des Abbildungsverfahrens von MAYOR und v. MISES die Abbildungskonstante.) Aus $\mathfrak{B}$ und $\mathfrak{M}$ kann dann nach bekannten Verfahren die Dyname als Resultierende der Beschleunigungsdrücke des starren räumlichen Systems konstruiert werden. Zur Konstruktion des Vektorproduktes $\mathfrak{w} \times \mathfrak{D}$ bedient man sich eines der in (17), (18) angegebenen Verfahren.

Eine wesentliche Vereinfachung des Systems der Beschleunigungsdrücke ergibt sich für den homogenen geraden Stab, der in seinen Endpunkten AB auf Raumkurven geführt wird. Betrachtet man dabei nur seine zwangläufige Bewegung um die Schnittlinie der Normalebenen zu den Führungen in A und B (während seine Drehung um die eigene Achse nicht berücksichtigt wird), so reduziert sich das System der Beschleunigungsdrücke auf eine im Schwerpunkte S angreifende Einzelkraft $\mathfrak{B} = m\mathfrak{b}_S$ und auf ein Moment $\mathfrak{M}$, wobei für letzteres nach K. FEDERHOFER[2] gilt:

$$\mathfrak{M} = m\left(\frac{i_S}{d}\right)^2 \cdot (\mathfrak{d} \times \mathfrak{b}_{BA}).$$

Hierin ist i_S der Trägheitshalbmesser für eine durch S gelegte, zum Stabe $AB = d$ senkrechte Achse und $\mathfrak{d} = \overrightarrow{AB}$. Für die Konstruktion des Vektors $\mathfrak{M}$ kommen daher die für Vektorprodukte entwickelten Verfahren in Betracht.

[1] Graphische Kinematik und Kinetostatik des starren räumlichen Systems, S. 60—62. Wien: Julius Springer 1928.

[2] a. a. O. S. 52—53.

38. Analyse des Systems der Beschleunigungsdrücke des zwangläufig bewegten starren Körpers[1]. Einer der möglichen ∞^1 Beschleunigungszustände sei durch die Schwerpunktsbeschleunigung $\mathfrak{b}_S^0$ und Winkelbeschleunigung $\mathfrak{l}^0$ gekennzeichnet; dann erhält man nach (22) alle möglichen Beschleunigungszustände ($\mathfrak{b}_S$, $\mathfrak{l}$) des zwangläufig bewegten starren Körpers bei gleichem Geschwindigkeitszustande ($\mathfrak{v}_S$, $\mathfrak{w}$) aus

$$\mathfrak{b}_S = \mathfrak{b}_S^0 + \lambda \mathfrak{v}_S$$
$$\mathfrak{l} = \mathfrak{l}^0 + \lambda \mathfrak{w},$$

wenn der Parameter λ alle Werte von $-\infty$ bis $+\infty$ durchläuft.

Nach (37) reduziert sich demnach das System der diesen ∞^1 Beschleunigungszuständen zugehörigen resultierenden Beschleunigungsdrücke auf eine in S angreifende Kraft

$$\mathfrak{B} = m\,\mathfrak{b}_S = m\,(\mathfrak{b}_S^0 + \lambda \mathfrak{v}_S) = \mathfrak{B}^0 + \lambda m \mathfrak{v}_S \qquad (1)$$

und auf ein Moment $\mathfrak{M} = \mathfrak{Z} + \mathfrak{w} \times \mathfrak{D}$.

Da der Drallvektor nur vom Geschwindigkeitszustande abhängt, ist $\mathfrak{D} = \mathfrak{D}^0$, ferner folgt aus der Bedeutung des Vektors $\mathfrak{Z}$, daß $\mathfrak{Z} = \mathfrak{Z}^0 + \lambda \mathfrak{D}^0$.

Mit $\mathfrak{M}^0 = \mathfrak{Z}^0 + \mathfrak{w} \times \mathfrak{D}^0$ ergibt sich dann sofort

$$\mathfrak{M} = \mathfrak{M}^0 + \lambda \mathfrak{D}^0. \qquad (2)$$

Für den Beschleunigungszustand ($\mathfrak{b}_S^0$, $\mathfrak{l}^0$) ist das System der entsprechenden Beschleunigungsdrücke charakterisiert durch die Kraft $\mathfrak{B}^0$ und das Moment $\mathfrak{M}^0$, also durch eine Kraftschraube, deren Zentralachse durch den Punkt $\mathfrak{x} = \frac{\mathfrak{B}^0 \times \mathfrak{M}^0}{(B^0)^2}$ parallel zu $\mathfrak{B}^0$ geht.

Es ergeben sich nun die den ∞^1 Beschleunigungszuständen entsprechenden Systeme der Beschleunigungsdrücke, indem dieser Kraftschraube ($\mathfrak{B}^0$, $\mathfrak{M}^0$) nach den Gleichungen (1) und (2) das räumliche Kraftsystem $\mathfrak{B}' = \lambda m \mathfrak{v}_S$, $\mathfrak{M}' = \lambda \mathfrak{D}^0$ hinzugefügt wird.

Die Zentralachsen dieser zusätzlichen Kraftschrauben gehen durch den Punkt $\mathfrak{x}' = \frac{\mathfrak{v}_S \times \mathfrak{D}^0}{m v_S^2}$ parallel zu $\mathfrak{v}_S$; da hiernach die *Lage dieses Punktes nur vom Geschwindigkeitszustande abhängt*, so haben alle zusätzlichen Kraftschrauben *dieselbe Zentralachse*. Die Resultierenden aus der durch ($\mathfrak{B}^0$, $\mathfrak{M}^0$) gekennzeichneten Kraftschraube und aus den vorerwähnten zusätzlichen Kraftschrauben führen daher neuerlich zu Kraftschrauben, deren Achsen auf einem Zylindroid liegen. Da die gleichen Überlegungen auch für die Systeme der Trägheitskräfte gelten, so folgt der Satz von K. FEDERHOFER:

Die Achsen der Kraftschrauben aller beim zwangläufig geführten starren Körper möglichen Systeme von Trägheitskräften liegen auf dem Trägheitszylindroid.

Der für das zwangläufig bewegte ebene System gefundene Trägheits-

---

[1] FEDERHOFER, K.: Aus einem Vortrage auf der Tagung für Getriebetechnik in Karlsruhe im Oktober 1931.

pol von H. WINTER ist demnach die Ausartung des Trägheitszylindroides für den Sonderfall der ebenen Bewegung des starren Körpers.

Aus den Gleichungen (1) und (2) folgt weiter, daß alle Kräfte $\mathfrak{B}$ bzw. Momente $\mathfrak{M}$ ein geradlinig begrenztes ebenes Kraftbüschel in der Ebene $(\mathfrak{B}^0, \mathfrak{v}_S)$ bzw. $(\mathfrak{M}^0, \mathfrak{D}^0)$ bilden mit einer zu $\mathfrak{v}_S$ bzw. $\mathfrak{D}^0$ parallelen Begrenzungslinie.

Den im vorstehenden beschriebenen ∞^1 Systemen von Beschleunigungsdrücken entsprechen ∞^1 Beschleunigungspole. Bedeuten $\mathfrak{p}^0$ und $\mathfrak{p}$ die von S ausgehenden Ortsvektoren der Beschleunigungspole P^0 und P, die zum Beschleunigungssystem $(\mathfrak{b}_S^0, \mathfrak{l}^0)$, kurz dem (o)-System, und zum System $(\mathfrak{b}_S, \mathfrak{l})$ gehören, dann gilt

$$-\mathfrak{b}_S^0 = \mathfrak{w} \times \mathfrak{w} \times \mathfrak{p}^0 + \mathfrak{l} \times \mathfrak{p}^0$$

und

$$-\mathfrak{b}_S = \mathfrak{w} \times \mathfrak{w} \times \mathfrak{p} + \mathfrak{l} \times \mathfrak{p};$$

aus dem Zusammenhang beider Beschleunigungssysteme folgt die Beziehung

$$\mathfrak{b}_S^0 + \mathfrak{w} \times \mathfrak{w} \times \mathfrak{p} + \mathfrak{l}^0 \times \mathfrak{p} = -\lambda(\mathfrak{v}_S + \mathfrak{w} \times \mathfrak{p}).$$

Das links stehende Trinom ist die Beschleunigung des mit dem Pole P zusammenfallenden Systempunktes im (o)-System, also $\mathfrak{b}_P$, rechts steht in der Klammer die Geschwindigkeit $\mathfrak{v}_P$ dieses Systempunktes. Somit ist der geometrische Ort der ∞^1 Pole P durch die Bedingung

$$\mathfrak{b}_P = -\lambda \mathfrak{v}_P$$

gekennzeichnet, d. h. diese Systempunkte sind Wendepunkte im (o)-System. Es gilt demnach der von E. STÜBLER[1] gefundene Satz:

Die Beschleunigungszentra der bei der zwangläufigen Bewegung des starren Körpers möglichen ∞^1 Beschleunigungssysteme liegen auf der Wendekurve des (o)-Systems. (Kubische Parabel.)

Ihre Konstruktion kann daher in der Art erfolgen, daß für alle möglichen Parameter λ die zugehörigen Beschleunigungspole nach den in (21) erwähnten Verfahren ermittelt werden.

Für den Fall des im Raume *freien* Körpers untersucht TH. PÖSCHL[2] die geometrischen Beziehungen, die zwischen dem Beschleunigungspol und der ihn „erzeugenden" Dyname bestehen und findet, daß die Achsen der ∞^3 Dynamen, die einen festen Punkt als Beschleunigungspol erzeugen, einen Komplex zweiten Grades bilden und daß die in S angesetzten reduzierten Kräfte dieser Dynamen einen „ebenbegrenzten" Kräftebündel darstellen.

Für einen festen Wert des Schraubenparameters bilden die ∞^2 Dynamen je eine lineare Kongruenz, so daß der quadratische Komplex

[1] Jber. Deutsch. Math.-Vereinig. Bd. 19 (1910) S. 183. Dort sind auch die Fälle erledigt, in denen die Wendekurve dritten Grades in eine Parabel oder in eine Gerade ausartet. Die Art der Wendepunkte dieser Kurve untersucht R. MEHMKE: Z. Math. Phys. Bd. 49 (1903) S. 72.

[2] Z. Math. Phys. Bd. 63 (1914) S. 241—255.

zu jenen gehört, die sich aus linearen Komplexen zusammensetzen lassen. Eine Weiterführung dieser Untersuchungen für den Fall, daß die Bewegungsfreiheit des Körpers durch eine bestimmte Anzahl von Bedingungen (1, 2, 3, 4, 5) beschränkt ist, was auch dem Beschleunigungszustande eine gleiche Anzahl von Bedingungen auferlegt, steht noch aus.

Man könnte auch daran denken, die Systeme der Beschleunigungsdrücke mit Einführung von dynamischen Ersatzpunkten auf Grund der Äquivalenzuntersuchungen von TH. REYE[1] darzustellen, allein es zeigt sich, daß hiermit in Anbetracht der Umständlichkeit der Ermittlung der Ersatzmassen bzw. ihrer Lage kein Vorteil erzielt wird.

c) Kinematische Ketten.

Die Beschleunigungsdrücke der ebenen und räumlichen kinematischen Ketten und der damit gebildeten Getriebe setzen sich geometrisch zusammen aus den Beschleunigungsdrücken ihrer Glieder, die nach den in (a) und (b) erörterten Grundsätzen zu bestimmen sind. Verwendet man hierbei im *ebenen* Falle die Methode der statischen Ersatzpunkte, dann werden diese zweckmäßig in den Gelenken der Kette gewählt und die Massen dorthin verlegt.

Die Umkehrung der Systeme der Beschleunigungsdrücke liefert die Systeme der Trägheitskräfte, die für die Anwendung des D'ALEMBERTschen Prinzips in Betracht kommen.

III. Graphische Lösung der ersten Grundaufgabe.

Die bisher bekanntgewordenen *graphischen* Lösungen des Problems, bei gegebenem Geschwindigkeitszustande eines starren (ebenen oder räumlichen) Systems bzw. mehrerer gelenkig verbundener Systeme von bekannter Massenverteilung und beschränkter Bewegungsfreiheit den Beschleunigungszustand und die Reaktionen in den stützenden Lagern und in den Gelenken zu konstruieren, welche durch gegebene eingeprägte (treibende und widerstehende) Kräfte hervorgerufen werden, beziehen sich mit wenigen Ausnahmen auf den Fall der *zwangläufigen* Bewegung solcher Systeme.

---

[1] Z. Math. Phys. Bd. 10 (1865) S. 433; vgl. auch Handb. d. Physik Bd. 5 (1927) S. 264. — E. REHFELD beweist den Satz von REYE, daß sich stets vier dynamische Ersatzpunkte von gleicher Masse für einen starren Körper angeben lassen, ohne Umweg über den Spezialfall, daß das LEGENDREsche Ellipsoid eine Kugel ist [Physik. Z. Bd. 28 (1927) S. 225—231] und ermittelt auch die dynamischen Ersatzpunkte einfacher Körper (Parallelepipedon, Tetraeder, Zylinder, Kegel, dreiseitiges Prisma und dreiseitige Pyramide), die auf der Oberfläche der Körper liegen [Arch. Math. Phys. Bd. 6 (1903) S. 237—248]. — Von A. Amsler & Co. wurde eine Methode zur Bestimmung des polaren Trägheitsmomentes eines Umdrehungskörpers mit Hilfe des Integrators angegeben [Z. Instrumentenkde Bd. 46 (1926) S. 16—25].

39. Die zwangläufige eben bewegte Scheibe. Für den wichtigsten Fall der Führung der Scheibe in zwei Punkten (Zweipunktführung) stehen eine Reihe von Verfahren zur Verfügung. Dem „λ-Verfahren" von K. FEDERHOFER[1], das eine übersichtliche Lösung der ersten Grundaufgabe für das zwangläufige ebene und räumliche System ermöglicht, liegt folgender Gedankengang zugrunde: Das System der ∞^1 Beschleunigungsdrücke (und der Trägheitskräfte) eines zwangläufigen starren Systems ist durch den Parameter „λ" gekennzeichnet (34) und (38). Die Aufgabe läuft also darauf hinaus, jenen Parameter λ^* zu finden, der gerade den durch die n eingeprägten Kräfte $\mathfrak{P}_i$ $(i=1, 2, \ldots, n)$ erzeugten Beschleunigungszustand des zwangläufigen Systems liefert. Nach dem D'ALEMBERTschen Prinzip bildet das System der Trägheitskräfte mit den eingeprägten Kräften und mit den Führungsdrücken ein Gleichgewichtssystem. Es ergibt sich eine von den unbekannten Führungsreaktionen unabhängige Gleichgewichtsgleichung durch Vornahme einer virtuellen Drehung des ebenen Systems mit Zweipunktführung um den Schnittpunkt der Wirkungslinien der beiden Führungsdrücke, der bei glatten Führungen im augenblicklichen Drehpol liegt, und durch Nullsetzen der virtuellen Leistungen der angeführten Kräfte. Wird nun das System der Trägheitskräfte nach H. WINTER[2] durch eine mit den Führungsbedingungen verträgliche, sonst willkürliche Trägheitskraft $\mathfrak{T}_r$ und durch die mit λ linear veränderliche Zusatzkraft $\mathfrak{T}'_r$ ersetzt, wo beide Kräfte ihrer Lage nach, die erste auch ihrer Größe nach bestimmt sind, so ergibt das Leistungsprinzip folgende für die „reduzierten" (also auf die Masse 1 bezogenen) Kräfte gültige lineare Gleichung zur Bestimmung des Parameters λ^*:

$$\sum_1^n \frac{\mathfrak{P}_i}{m} \cdot \mathfrak{v}_i + \mathfrak{t}_{\mathfrak{r}} \cdot \mathfrak{v}_T - \lambda^* \mathfrak{v}_S \cdot \mathfrak{v}_T = 0,$$

worin $\mathfrak{v}_T$ die Geschwindigkeit des Trägheitspoles T, $\mathfrak{v}_i$ jene des Angriffspunktes der Kraft $\mathfrak{P}_i$ bei der vorgenommenen virtuellen Drehung[3] ist.

Mit λ^* ist der Beschleunigungszustand und die resultierende Trägheitskraft $\mathfrak{T}^* = m(\mathfrak{b}_S^0 + \lambda^* \mathfrak{v}_S)$ bestimmt. Sind $\mathfrak{D}_A$, $\mathfrak{D}_B$ die Führungsdrücke, deren Wirkungslinien sich bei glatten Führungen mit den Bahnnormalen der geführten Punkte A, B decken, während sie bei Vorhandensein von Reibung gegen diese um den Reibungswinkel geneigt sind, so sind von den Kräften, die sich nach dem D'ALEMBERTschen Prinzipe das Gleichgewicht halten, sämtliche ihrer Lage nach bestimmt, von den

[1] a. a. O. S. 54, 62.

[2] S.-B. Akad. Wiss. Wien, Abt. IIa, Bd. 139 (1930) S. 152ff.

[3] Die virtuelle Leistung, also das innere Produkt aus Kraft und Geschwindigkeit ihres Angriffspunktes, wird zweckmäßig nach dem Verfahren von H. MÜLLER-BRESLAU als statisches Moment der Kraft um den Endpunkt der senkrechten Geschwindigkeit ihres Angriffspunktes bestimmt. Schweiz. Bauztg Bd. 9 (1887) S. 121.

eingeprägten Kräften und der resultierenden Trägheitskraft kennt man auch die Größe. Die Zeichnung eines dynamischen Kraftplanes für diese Kräfte liefert daher die Führungsdrücke.

Die für die Anwendung des „λ-Verfahrens" typische Zerlegung der ersten Grundaufgabe in die vorherige Ermittlung des Beschleunigungszustandes durch Aufsuchung von λ^* und nachträgliche Konstruktion der Führungsdrücke kann im ebenen Falle nach H. WINTER[1] umgangen werden, da zufolge des Gleichgewichtes der Kräftegruppe $\sum_1^n \mathfrak{P}_i, \mathfrak{T}_r, \mathfrak{D}_A, \mathfrak{D}_B$ und $\mathfrak{T}'_r$, in welcher sämtliche Kräfte ihrer Lage nach, die beiden ersten auch ihrer Größe nach bekannt sind, nach dem Verfahren von C. CULMANN die drei Kräfte $\mathfrak{D}_A, \mathfrak{D}_B, \mathfrak{T}'_r$ unmittelbar konstruiert werden können; mit $\mathfrak{T}'_r$ ist aber auch der Parameter λ^* und damit der Beschleunigungszustand bestimmt.

Eine zweite direkte graphische Lösung der ersten Grundaufgabe für die ebene Zweipunktführung ergibt sich, wenn das System der Beschleunigungsdrücke (nach 34) durch den Trägheitspol und die den Wendepol J enthaltende Normale zu OS gekennzeichnet wird, welche die Begrenzungslinie des geradlinigen, nach S reduzierten Kraftbüschels der ∞^1 Beschleunigungsdrücke bildet; nach K. FEDERHOFER[2] kann der dem gesuchten Beschleunigungszustand entsprechende Strahl dieses Kraftbüschels auf rein linearem Wege konstruiert werden.

TH. PÖSCHL[3] benutzt bei der graphischen Lösung der gleichen Aufgabe die von ihm gefundenen Zuordnungen von Wendepol, Beschleunigungspol und den sie „erzeugenden" Kräften zur Ermittlung der durch die eingeprägten Kräfte und durch die Führungsdrücke hervorgerufenen Beschleunigungszustände, durch deren Überlagerung der resultierende Beschleunigungszustand und damit auch die Führungsdrücke bestimmt sind.

Die von F. WITTENBAUER[4] angegebenen Verfahren zur Lösung der ersten Grundaufgabe werden im Zusammenhange mit seiner Lösung der zweiten Grundaufgabe besprochen (IV).

40. Das flächenläufige starre ebene System. Eine Scheibe mit dem Schwerpunkte S werde im Punkte A auf gegebener Kurve (Krümmungsmittelpunkt Ω_A) mit der Geschwindigkeit $\mathfrak{v}_A$ geführt, v_S sei der gegebene *Betrag* der Geschwindigkeit des Schwerpunktes S; auf diese Scheibe mit Einpunktführung wirke in B die eingeprägte Kraft $\mathfrak{P}$ (Fig. 27).

Für die Ermittlung des Beschleunigungszustandes und des Führungsdruckes $\mathfrak{D}_A$ in A ist nach K. FEDERHOFER[5] eine direkte zeichnerische

[1] S.-B. Akad. Wiss. Wien, Abt. IIa, Bd. 139 (1930) S. 159.
[2] Mh. Math. Phys. Bd. 38 (1931) S. 126—128.
[3] Z. Math. Phys. Bd. 58 (1910) S. 169—171; Bd. 60 (1912) S. 168—169.
[4] Graphische Dynamik, Abschn. IX u. XIV.
[5] S.-B. Akad. Wiss. Wien, Abt. IIa, Bd. 139 (1930) S. 29.

Lösung möglich, da die Richtung von $\mathfrak{D}_A$ (übereinstimmend mit der Normalen der Führungskurve) bereits bekannt ist.

Man konstruiert nach (35) die dem Falle reiner Normalbeschleunigung entsprechende, auf die Masse „1" reduzierte Trägheitskraft $\mathfrak{t}_0 = \overrightarrow{AN_A} + \overrightarrow{SN_{SA}}$, angreifend im Schwerpunkte S und sodann die durch den Trägheitspol M gehenden Wirkungslinien der beiden, von den Parametern λ_A und λ linear abhängigen Zusatzkräfte $\mathfrak{t}_1$ und $\mathfrak{t}_2$ des Systems

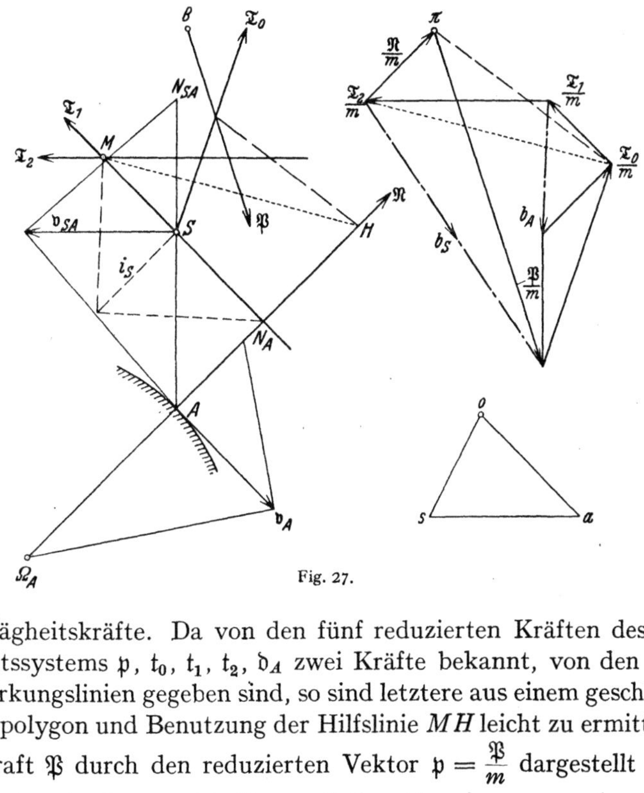

Fig. 27.

der Trägheitskräfte. Da von den fünf reduzierten Kräften des Gleichgewichtssystems $\mathfrak{p}$, $\mathfrak{t}_0$, $\mathfrak{t}_1$, $\mathfrak{t}_2$, $\mathfrak{d}_A$ zwei Kräfte bekannt, von den übrigen die Wirkungslinien gegeben sind, so sind letztere aus einem geschlossenen Kräftepolygon und Benutzung der Hilfslinie MH leicht zu ermitteln. Ist die Kraft $\mathfrak{P}$ durch den reduzierten Vektor $\mathfrak{p} = \frac{\mathfrak{P}}{m}$ dargestellt worden, so liefert $-\mathfrak{t}_1$ die gesuchte Tangentialbeschleunigung von A und es ist daher die Beschleunigung des geführten Punktes A: $\mathfrak{b}_A = -\mathfrak{t}_1 + \overrightarrow{N_A A}$ und jene des Schwerpunktes: $\mathfrak{b}_S = -(\mathfrak{t}_0 + \mathfrak{t}_1 + \mathfrak{t}_2)$.

Die Lösung von F. WITTENBAUER[1] für die gleiche Aufgabe beruht auf der Konstruktion eines Beschleunigungsplanes, in welchem die von der eingeprägten Kraft und vom Führungsdruck am frei gedachten System hervorgebrachten Beschleunigungen vereinigt werden; nach dem gleichen Verfahren wird auch die Kinetostatik der flächenläufigen Einkurvenführung behandelt.

[1] a. a. O. Abschn. VII S. 76–81.

41. Der zwangläufige starre Körper. Die zwangläufige Bewegung des starren Körpers sei durch Führung einzelner Punkte des Körpers in Kurven oder auf Flächen erzielt; die in Ruhe befindlichen Führungen seien vollkommen glatt. Für die dabei möglichen Führungsarten (Zweipunkt- bis Fünfpunktführung) wurden die kinematischen Verhältnisse, insbesonders die Aufsuchung der Elemente der momentanen Schraubenbewegung in (24, 25) auf graphischem Wege erledigt. Das System der Beschleunigungsdrücke ist nach (38) dargestellt durch eine in S angreifende Kraft $\mathfrak{B} = \mathfrak{B}^0 + \lambda m \mathfrak{v}_S$ und durch ein Moment $\mathfrak{M} = \mathfrak{M}^0 + \lambda \mathfrak{D}^0$. Die konstruktive Ermittlung der dem (o)-System entsprechenden Vektoren $\mathfrak{B}^0$, $\mathfrak{M}^0$ und $\mathfrak{D}^0$ ist in (37) behandelt. Um nun, entsprechend der „λ-Methode" von K. FEDERHOFER, jenen Parameter λ^* zu finden, der gerade den durch die eingeprägten Kräfte erzeugten Beschleunigungszustand des zwangläufigen starren Körpers liefert, wird für das Gleichgewichtssystem, bestehend aus den eingeprägten Kräften, den Trägheitskräften und den Führungsdrücken, das Prinzip der virtuellen Leistungen unter Annahme einer virtuellen Schraubung um die durch die Art der Führung bestimmte momentane Schraubenachse angewendet. Dies liefert eine von den unbekannten Reaktionen unabhängige lineare Gleichung für λ^*:

$$\lambda^* = \frac{\sum_1^n \mathfrak{P}_i \cdot \mathfrak{v}_i - \mathfrak{B}^0 \cdot \mathfrak{v}_S - \mathfrak{M}^0 \cdot \mathfrak{w}}{m \mathfrak{v}_S \cdot \mathfrak{v}_S + \mathfrak{D}^0 \cdot \mathfrak{w}}.$$

Alle in dieser Formel vorkommenden Leistungen sind nach den Angaben in (17 und 18) einer graphischen Ermittlung zugänglich; der Nenner bedeutet die doppelte kinetische Energie der Schraubenbewegung. Mit λ^* ist das endgültige System $\mathfrak{T}^*$, $\mathfrak{M}^*$ der Trägheitskräfte bestimmt, und es läuft nun die eigentliche kinetostatische Aufgabe darauf hinaus, das bekannte Kraftsystem $\sum_1^n \mathfrak{P}_i$, $\mathfrak{T}^*$, $\mathfrak{M}^*$ aufzulösen nach den Wirkungslinien der Führungsdrücke, wofür die entsprechenden graphischen Methoden bereitgestellt sind[1].

K. FEDERHOFER[2] hat die hiernach erforderlichen Konstruktionen für den Fall der räumlichen Zweipunkt- und Dreipunktführung des starren Körpers mit Benutzung des Abbildungsverfahrens von MAYOR und v. MISES durchgeführt; gewisse Vereinfachungen ergeben sich bei der Anwendung der „λ-Methode" zur kinetostatischen Behandlung der zwangläufigen sphärischen Bewegung.

42. Ebene und räumliche Getriebe. Das „λ-Verfahren" bleibt auch bei der kinetostatischen Untersuchung von ebenen und räumlichen Getrieben anwendbar, da nach H. WINTER[3] der Satz von E. STÜBLER über

[1] Vgl. z. B. L. HENNEBERG: Graphische Statik der starren Körper, Kap. 13. Leipzig u. Berlin: Teubner 1911.

[2] a. a. O. S. 52—68, 80—81.

[3] S.-B. Akad. Wiss. Wien, Abt. IIa, Bd. 139 (1930) S. 160.

die Ähnlichkeit der Beschleunigungspunktreihen eines zwangläufig geführten einzelnen Systems bei festem Geschwindigkeitszustande auch für alle Punkte zwangläufiger Getriebe seine Gültigkeit behält. Durch Betrachtung der relativen Bewegung zweier gegeneinander räumlich bewegter Glieder eines solchen Getriebes kann bewiesen werden, daß die Änderungen $\Delta\mathfrak{b}_M$, $\Delta\mathfrak{b}_N$ der Beschleunigungen zweier Punkte M, N auf benachbarten Gliedern und die Änderung $\Delta\mathfrak{b}_r$ ihrer relativen Beschleunigung proportional den zugehörigen Geschwindigkeiten $\mathfrak{v}_M$, $\mathfrak{v}_N$ und $\mathfrak{v}_r$ ist, woraus die Richtigkeit des Satzes folgt.

Sind $S_1, S_2, \ldots S_n$ die Schwerpunkte, $m_1, m_2, \ldots m_n$ die Massen, $i_1, i_2, \ldots i_n$ die Hauptträgheitshalbmesser der n Glieder eines *ebenen* Getriebes, $\mathfrak{P}_1, \mathfrak{P}_2, \ldots \mathfrak{P}_n$ die bezüglichen eingeprägten Kräfte, so läßt sich die resultierende Trägheitskraft des i-ten Gliedes durch $\mathfrak{T}^0_{ri}$ und $\mathfrak{T}'_{ri} = -m_i \lambda \mathfrak{v}_{Si}$ darstellen und es ist der für alle Getriebeglieder gleiche Parameter λ so zu bestimmen, daß sich die Trägheitskräfte

$$\mathfrak{T}^0_{r1}\mathfrak{T}^0_{r2}\ldots\mathfrak{T}^0_{rn},$$
$$\mathfrak{T}'_{r1}\mathfrak{T}'_{r2}\ldots\mathfrak{T}'_{rn},$$

die eingeprägten Kräfte $\mathfrak{P}_1\mathfrak{P}_2\ldots\mathfrak{P}_n$ und die Auflagerdrücke $\mathfrak{D}_1\mathfrak{D}_2$ in den Getriebelagern das Gleichgewicht halten. Das Prinzip der virtuellen Leistungen liefert für λ^* die Gleichung

$$\sum_1^n \mathfrak{P}_i \cdot \mathfrak{v}_i + \sum_1^n \mathfrak{T}^0_{ri} \cdot \mathfrak{v}_{Ti} - \lambda^* \sum_1^n m_i \mathfrak{v}_{Si} \cdot \mathfrak{v}_{Ti} = 0\,,$$

woraus λ^* und damit der Beschleunigungszustand des Getriebes bestimmt ist. Es bedeuten $\mathfrak{v}_i$ die Geschwindigkeit des Angriffspunktes von $\mathfrak{P}_i$, $\mathfrak{v}_{Ti}$ jene des Trägheitspoles T_i des i-ten Gliedes, $\mathfrak{v}_{Si}$ die Geschwindigkeit des Schwerpunktes S_i. Die inneren Produkte in obiger Gleichung werden wieder nach dem Verfahren von H. MÜLLER-BRESLAU mit Hilfe der gedrehten Geschwindigkeiten als statische Momente bestimmt. Da nun auch die resultierenden Trägheitskräfte $\mathfrak{T}^*_r$ der einzelnen Getriebeglieder bekannt sind, so läßt sich für das ebene Getriebe nach F. WITTENBAUER[1] ein *dynamischer Kraftplan* entwerfen, der durch geschlossene Kräftepolygone das Gleichgewicht der folgenden Kräftegruppen zum Ausdruck bringt:

a) Gesamtsystem $\sum_1^n \mathfrak{P}_i$, $\sum_1^n \mathfrak{T}^*_{ri}$, Auflagerdrücke $\mathfrak{D}_1$, $\mathfrak{D}_2$;

b) Kräftesystem jedes Knotens (Gelenkes), bestehend aus den am Knoten wirkenden äußeren Kräften und den Spannungen in den vom Knoten ausgehenden stabförmigen Gliedern;

c) Kräftesystem jedes Getriebegliedes, bestehend aus den eingeprägten Kräften dieses Gliedes, seiner resultierenden Trägheitskraft und den Gelenkdrücken der Nachbarglieder.

[1] Z. Math. Phys. Bd. 53 (1906) S. 274—287.

Aus a) ergeben sich, sofern das Getriebe kinetostatisch bestimmt gelagert ist[1], die Auflagerdrücke, aus b) die Spannungen in den stabförmigen Gliedern[2], endlich aus c) die Gelenkdrücke.

Von H. WINTER[3] wurde für *ebene* Getriebe ein Verfahren angegeben, das den Beschleunigungszustand und die Führungs- und Gelenkdrücke sowie Stabspannungen auf einmal liefert. Es ist rein graphisch und hat formale Ähnlichkeit mit der Methode von L. HENNEBERG[4] zur Bestimmung der Stabspannungen in Fachwerken.

Es besteht darin, daß das Getriebe in ein Stabwerk übergeführt wird, indem der Trägheitspol jedes Gliedes des Getriebes durch gewichtlose Stäbe an zwei beliebige Gelenkpunkte des betreffenden Gliedes angeschlossen und jedes binäre Glied durch einen Stab, jedes ternäre Glied durch drei Stäbe usw. ersetzt wird. Das so entstandene Stabwerk kann, da das Getriebe zwangläufig ist, durch Einfügung eines Hilfsstabes H in ein statisch bestimmtes Stabwerk übergeführt werden, wobei die Wahl von H so zu treffen ist, daß kein unendlich wenig bewegliches Stabwerk (also kein Ausnahmefall) vorliegt. Nun zeichnet man zwei Kraftpläne. Der eine enthält als Belastung des Stabwerkes die eingeprägten Kräfte und die in den Knoten (Trägheitspolen) des Stabwerkes angreifenden und einem möglichen Beschleunigungszustande des Getriebes entsprechenden Trägheitskräfte $\mathfrak{T}_{r1}, \mathfrak{T}_{r2}, \ldots, \mathfrak{T}_{rn}$, im zweiten werden als Belastungen die in den Trägheitspolen angreifenden zusätzlichen Trägheitskräfte $\mathfrak{T}'_{r1}, \mathfrak{T}'_{r2}, \ldots \mathfrak{T}'_{rn}$, die mit λ proportional sind, angenommen. Sei S_H die Spannung des Hilfsstabes im ersten Kraftplane, S'_H jene des gleichen Stabes im Kraftplane für $\lambda = 1$, so erfährt der Hilfsstab unter dem Einflusse der Gesamtbelastung eine Spannung $S_H + \lambda S'_H$; setzt man diese wegen des Fehlens des Stabes gleich Null, so ergibt sich der Beschleunigungsparameter $\lambda = -\frac{S_H}{S'_H}$. Damit sind aber nicht nur alle Beschleunigungen, sondern auch aus den beiden Kraftplänen die Gelenk- und Führungsdrücke sowie die Stabspannungen bestimmt, denn es gilt z. B. für eine Spannung $\mathfrak{S}_i$ im Stabe i:

$$\mathfrak{S}_i = \mathfrak{S}_{i1} + \lambda \mathfrak{S}'_{i1},$$

wo $\mathfrak{S}_{i1}$ und $\mathfrak{S}'_{i1}$ die aus den beiden Kraftplänen entnommenen Spannungen dieses Stabes sind.

[1] Über die Berechnung (äußerlich oder innerlich) kinetostatisch unbestimmter Systeme vgl. eine Arbeit von R. GIRTLER: S.-B. Akad. Wiss. Wien, Abt. IIa, Bd. 137 (1928) S. 51—69. Dort werden unter Zuhilfenahme des Prinzips des kleinsten Zwanges von GAUSS Sätze über die Kinetik deformierbarer Körper hergeleitet, die für kinetostatisch unbestimmte Systeme eine ähnliche Bedeutung haben wie die Lehrsätze von MENABREA-CASTIGLIANO für die Berechnung äußerlich oder innerlich statisch unbestimmter Systeme in der Statik.

[2] Bezüglich der mit Rücksicht auf die Verteilung der Trägheitskräfte entlang der Stabachse noch notwendigen Korrektur vgl. (V).

[3] S.-B. Akad. Wiss. Wien, Abt. IIa, Bd. 139 (1930) S. 163.

[4] Statik. 1886 S. 222ff.

Bei der von O. MOHR[1] gegebenen Methode zur Lösung der ersten Grundaufgabe wird die wirkliche Bewegung zerlegt in eine Grundbewegung, bei der das geführte Glied des Getriebes die gegebene Winkelgeschwindigkeit und die Winkelbeschleunigung Null besitzt, und in eine überlagerte Anfangsbewegung mit der Winkelgeschwindigkeit Null und der gesuchten Winkelbeschleunigung, die mit Hilfe des Prinzips der virtuellen Leistungen berechnet wird; dabei wird auch der Einfluß der Reibung in den Gelenken berücksichtigt. Die Bestimmung der Gelenkdrücke und Stabspannungen geschieht in Kraftplänen, wobei die Kräfte anders geordnet sind als in den WITTENBAUERschen dynamischen Plänen.

Die Anwendung des „λ-Verfahrens" zur kinetostatischen Untersuchung *räumlicher* Getriebe führt nach (41) zur folgenden Bestimmungsgleichung für λ^*:

$$\lambda^* = \frac{\sum \mathfrak{P}_i \cdot \mathfrak{v}_i - \sum \mathfrak{B}_i^0 \cdot \mathfrak{v}_{S\,i} - \sum \mathfrak{M}_i^0 \cdot \mathfrak{w}_i}{\sum m_i \mathfrak{v}_{S\,i} \cdot \mathfrak{v}_{S\,i} + \sum \mathfrak{D}_i^0 \cdot \mathfrak{w}_i},$$

worin die Summen über sämtliche Glieder des Getriebes zu erstrecken und die darin vorkommenden inneren Produkte nach den dafür angegebenen Verfahren zu konstruieren sind. Mit λ^* sind die Trägheitsdynamen aller Glieder bestimmt und es kann die graphische Ermittlung der Stabspannungen, Gelenk- und Auflagerkräfte nach den Verfahren der Raumkraftstatik erfolgen.

43. Flächenläufige ebene Systeme; Mehrkurbelgetriebe. Eine graphische Lösung der ersten Grundaufgabe für ein flächenläufiges *Gelenkviereck* gibt F. WITTENBAUER[2], die auf der Einführung von statischen Ersatzmassen und mehrmaliger Zeichnung von dynamischen Kraftplänen beruht, wobei die Ähnlichkeit der Beschleunigungspunktreihen ausgenutzt wird. K. FEDERHOFER[3] behandelt den Fall zweier in A gelenkig verbundener ebener Systeme I und II, von denen das System I einen festen Drehpunkt O_I besitzt und zeigt, daß der durch gegebene Kräfte an dem flächenläufigen Systeme II hervorgerufene Beschleunigungszustand mit Hilfe seines „λ-Verfahrens" einfach zu bestimmen ist. Das System der von zwei Parametern λ_I und λ_{II} linear abhängigen Trägheitskräfte des Systems II wird nach (35) dargestellt, jenes von I durch die resultierende Zentrifugalkraft und durch eine mit λ_I linear veränderliche Kraft $-m_I \lambda_I \mathfrak{v}_{S\,I}$, deren Wirkungslinie durch den Antipol von O_I bezüglich des um S_I gezeichneten Kreises vom Halbmesser i_I führt. Nach dem D'ALEMBERTschen Prinzipe muß dieses System der Trägheitskräfte von I und II mit den eingeprägten Kräften und dem Gelenkdrucke in O_I ein Gleichgewichtssystem bilden; die Nullsetzung seiner statischen Momente um O_I und der um das Gelenk A genommenen

[1] Z. Math. Phys. Bd. 51 (1904) S. 29 — Abhandlungen aus dem Gebiete der technischen Mechanik, S. 168—186, Berlin 1906.

[2] a. a. O. Abschn. XXV, S. 445—454.

[3] S.-B. Akad. Wiss. Wien, Abt. IIa, Bd. 139 (1930) S. 24—28.

statischen Momente der auf das System II wirkenden Kräfte liefert zwei von den Gelenkdrücken freie lineare Gleichungen für λ_I und λ_{II}, deren Auflösung den gesuchten Beschleunigungszustand ergibt; die Zeichnung eines dynamischen Kraftplanes für beide Scheiben liefert die Gelenkdrücke in O_I und A. Obige Darstellung des Systems der Trägheitskräfte läßt auch eine rein zeichnerische Lösung mit Hilfe perspektivischer Punktreihen und Strahlenbüschel zu.

Für zwei gelenkig verbundene, ohne sonstigen Zwang bewegliche Systeme wurde der durch äußere Kräfte hervorgerufene Beschleunigungszustand und der Druck im Gelenke graphisch untersucht von TH. PÖSCHL[1] und F. WITTENBAUER[2]. Die in (36) durchgeführte Analyse des Systems der Beschleunigungsdrücke des *Dreikurbelgetriebes* (als Sonderfall eines Mehrkurbelgetriebes) ermöglicht die übersichtliche graphische Lösung der zugehörigen ersten Grundaufgabe; es kommt auf die Ermittlung der drei den Beschleunigungszustand festlegenden Parameter $\lambda_I\, \lambda_{II}\, \lambda_{III}$ an, die den eingeprägten Kräften $\mathfrak{P}_I\, \mathfrak{P}_{II}\, \mathfrak{P}_{III}$ entsprechen. Letztere bilden mit sämtlichen Trägheitskräften und den Drücken in den festen Drehpunkten der drei Kurbeln ein Gleichgewichtssystem. Wird für dieses dreimal das Prinzip der virtuellen Leistungen angewendet und zwar aufeinanderfolgend für jene bereits untersuchten Geschwindigkeitszustände der zwangläufigen Getriebe, die den Fällen I bis III entsprechen — wobei zufolge der besonderen Wahl der drei Verschiebungszustände die Drücke in den Auflagergelenken leistungsfrei bleiben —, so ergeben sich drei lineare Gleichungen zur Bestimmung der Parameter $\lambda_I\, \lambda_{II}\, \lambda_{III}$. Damit sind die Beschleunigungen der Gelenkpunkte des Getriebes und die Winkelbeschleunigungen der drei Kurbeln bestimmt und es können die Trägheitskräfte aller Glieder konstruiert werden. Die Konstruktion eines dynamischen Kraftplanes führt schließlich zur Kenntnis der Gelenkdrücke und Stabspannungen. Die Anwendung der „λ-Methode" hat K. FEDERHOFER[3] an einem vollständig durchgearbeiteten Dreikurbelgetriebe gezeigt. Das entwickelte Verfahren kann ohne weiteres für Getriebe mit mehr als drei Kurbeln verallgemeinert werden.

IV. Graphische Lösung der zweiten Grundaufgabe.

44. Reduzierte Kraft und Gleichgewichtskraft. Diese Kräfte spielen bei den von F. WITTENBAUER[4] gegebenen Lösungen der ersten und zweiten Grundaufgabe eine wichtige Rolle. Wirken auf ein *zwangläufiges* System die eingeprägten Kräfte $\mathfrak{P}_1\, \mathfrak{P}_2 \ldots \mathfrak{P}_n$, deren Angriffspunkte die Geschwindigkeiten $\mathfrak{v}_1\, \mathfrak{v}_2 \ldots \mathfrak{v}_n$ besitzen, so folgt die nach

[1] S.-B. Akad. Wiss. Wien, Abt. IIa, Bd. 118 (1909) S. 539—551.

[2] Graphische Dynamik, Abschn. XXV S. 433—445.

[3] Ing.-Arch. Bd. 1 (1930) S. 600—610.

[4] a. a. O. Abschn. XIV (geführtes ebenes System) und Abschn. XXVI (ebenes Getriebe).

einem Punkte R des Systems „reduzierte Kraft“ $\mathfrak{P}_R$ aus der Gleichsetzung der Leistungen:

$$\mathfrak{P}_R \cdot \mathfrak{v}_R = \sum_1^n \mathfrak{P}_i \cdot \mathfrak{v}_i, \tag{1}$$

wobei $\mathfrak{v}_R$ die Geschwindigkeit des Reduktionspunktes ist. Die Richtung von $\mathfrak{P}_R$ ist willkürlich, gewöhnlich läßt man sie mit der Bewegungsrichtung des Punktes R zusammenfallen; da es sich bei Ermittlung von P_R nur um die Verhältnisse der Geschwindigkeiten handelt, kann die Geschwindigkeit des Reduktionspunktes willkürlich gewählt werden.

Die Bestimmung der reduzierten Kraft kann zeichnerisch oder rechnerisch erfolgen a) mit Benutzung eines Geschwindigkeitsplanes, b) mit Benutzung der Drehpole, indem die Methode der gedrehten Geschwindigkeiten verwendet wird, c) nach der Methode der Stabspannungen, die auf der Zeichnung eines Kraftplanes für das bewegte gegliederte System beruht, aus dem die mit der reduzierten Kraft entgegengesetzt gleiche *Gleichgewichtskraft* zu entnehmen ist. Dabei werden Kräfte, die nicht in Gelenken angreifen, *statisch*, d. h. nach dem Parallelogrammgesetz, in die Gelenke des betreffenden Gliedes aufgeteilt. Für das *einzelne geführte* ebene (oder räumliche) System wird dessen Starrheit dadurch zum Ausdrucke gebracht, daß die Führungspunkte und die Stellen der Kraftangriffe durch starre Stäbe in einer die gegenseitige Unbeweglichkeit gewährleistenden Anzahl miteinander verbunden werden. Damit wird die Methode der Stabspannungen auch für das nicht stabförmige System anwendbar. Die Kraft $-\mathfrak{P}_R$ nennt man die in R wirkende Gleichgewichtskraft, da sie, entgegen der Bewegungsrichtung $\mathfrak{v}_R$ wirkend, das zwangläufige System im Gleichgewichte erhält. N. Joukowsky[1] betrachtet den zur zwangläufigen ebenen Kette konstruierten Plan der *senkrechten* Geschwindigkeiten als einen um den Geschwindigkeitsnullpunkt als festen Stützpunkt drehbaren starren Hebel. Die Darstellung der Leistung einer Kraft als statisches Moment nach H. Müller-Breslau läßt dann unmittelbar die Richtigkeit des Satzes erkennen: Läßt man in den Knoten dieses Hebels die ihnen in der Kette entsprechenden Kräfte mit gleicher Größe und Richtung angreifen, dann muß der Hebel im Gleichgewichte sein, wenn diese Kräfte an der kinematischen Kette Gleichgewicht halten, und es sind die Spannungen in den Stäben des Hebels (der als statisch bestimmtes Fachwerk erscheint) gleich den Spannungen in den Stäben der Kette. Das Verfahren kann daher zur Konstruktion der Gleichgewichtskraft dienen.

45. Lösungsmethoden. Die zweite Grundaufgabe lautet: Welche Kraft $\mathfrak{P}_Q$ ist an bestimmter Stelle Q in bestimmter Richtung wirkend den gegebenen eingeprägten Kräften hinzuzufügen, damit ein *vorgegebener* Beschleunigungszustand des bewegten Systems von bekannter

[1] Samml. math. Arb. math. Ges. Moskau, Bd. 28 (1911) S. 71—119.

Massenverteilung hervorgerufen wird? Sei zunächst ein ebenes System angenommen, so ist demnach die resultierende Trägheitskraft $\mathfrak{T}^*$ bzw. für mehrere verbundene ebene Systeme das System der resultierenden Trägheitskräfte $\sum \mathfrak{T}^*$ bekannt, und es gilt nach D'ALEMBERT, wenn Reibungen außer Betracht bleiben,

$$\sum_1^n \mathfrak{P}_i \cdot \mathfrak{v}_i + \mathfrak{P}_Q \cdot \mathfrak{v}_Q + \sum_1^n \mathfrak{T}_i^* \cdot \mathfrak{v}_{Ti} = 0 .$$

Da sich, wie der Vergleich mit Gleichung (1) zeigt, die gesuchte Kraft $\mathfrak{P}_Q$ als an der Stelle Q wirkende Gleichgewichtskraft des Systems der eingeprägten Kräfte $\mathfrak{P}_1\, \mathfrak{P}_2 \ldots \mathfrak{P}_n$ und der resultierenden Trägheitskräfte $\mathfrak{T}^*\, \mathfrak{T}_2^* \ldots \mathfrak{T}_n^*$ ergibt, ist die zweite Grundaufgabe auf die Ermittlung einer reduzierten Kraft zurückgeführt, und es stehen hierfür die in (44) angegebenen Verfahren zur Verfügung.

In dem besonderen Falle des Verschwindens der Kräfte $\mathfrak{P}_1\, \mathfrak{P}_2 \ldots \mathfrak{P}_n$ ist die Kraft $\mathfrak{P}_Q$ ersichtlich gleich dem an die Stelle Q und in die Bewegungsrichtung dieses Punktes reduzierten gesamten Beschleunigungsdruck. Dieses Ergebnis findet Verwendung bei der Ermittlung des Rückdruckes einer Steuerung als jener Kraft, die nötig ist, um die Steuerung mit einer gewissen Beschleunigung zu bewegen[1] und in der Theorie der Regulatoren bei Ermittlung der Verstellkraft an der Muffe eines Reglers; auch kann es verwertet werden zur Bestimmung der in der graphischen Dynamik der ebenen Getriebe eingeführten veränderlichen Punktmasse und der Ableitung nach ihrem Wege[2], sowie zur Ermittlung der reduzierten Trägheitsmomente von Mehrkurbelgetrieben[3].

F. WITTENBAUER[4] zeigt die Lösung der zweiten Grundaufgabe an dem in verschiedener Art geführten ebenen Systeme sowie an ebenen zwangläufigen Getrieben, wobei er sich zur Darstellung der resultierenden Trägheitskräfte durchwegs der Methode der statischen Ersatzpunkte bedient. F. PROEGER[3], H. ALT[5] und O. TOLLE[6] legen bei Lösung der zweiten Grundaufgabe die in (33) angegebenen Verfahren zur Konstruktion der resultierenden Trägheitskräfte eben bewegter Scheiben zugrunde und machen von der reduzierten Kraft keinen Gebrauch.

Für das zwangläufige räumliche System und für räumliche Getriebe hat das Verfahren der Ermittlung der reduzierten Kraft zur Lösung der zweiten Grundaufgabe bisher keine Anwendung gefunden, obwohl dies prinzipiell ohne weiteres möglich ist.

---

[1] FÖPPL, A.: Vorlesungen über Technische Mechanik, Bd. 6, S. 315. Leipzig: Teubner 1910. — WITTENBAUER: a. a. O. S. 457, 516, 734.

[2] BEYER, R.: Technische Kinematik, S. 455. Leipzig: Joh. Amb. Barth 1931.

[3] PROEGER, F.: Mitt. Forsch.-Arb., herausgeg. vom VDI 1926 H. 285. — BEYER, R.: Z. angew. Math. Mech. Bd. 8 (1928) S. 122—133.

[4] a. a. O. Abschn. XIV u. XXVI.

[5] Z. angew. Math. Mech. Bd. 6 (1926) S. 58—62.

[6] Ing.-Arch. Bd. 1 (1930) S. 377—384.

F. WITTENBAUER löst auch die erste Grundaufgabe im *ebenen* Falle nach seinen für die zweite Grundaufgabe entwickelten Verfahren. Es wird dabei ein mit dem Geschwindigkeitszustand und mit den Führungen verträglicher Beschleunigungszustand angenommen; wäre die Annahme richtig getroffen, dann müßten die eingeprägten Kräfte, Trägheitskräfte und Führungsdrücke im Gleichgewichte sein. Dies wird im allgemeinen nicht zutreffen; es ist nun der gewählte Beschleunigungszustand so zu verändern, daß das genannte Gleichgewicht wirklich erreicht wird. Die Annahme von zwei beliebigen Beschleunigungszuständen genügt, um daraus den richtigen abzuleiten. Das kann auf zwei verschiedenen Wegen geschehen:

a) Man konstruiert die Kraft $\mathfrak{P}_Q$, die, im Punkte Q wirkend, den eingeprägten Kräften hinzugefügt werden muß, um den angenommenen Beschleunigungszustand zu erzielen. Wird diese Kraft für beide Beschleunigungszustände nach (44, c) konstruiert, dann kann mit Hilfe der sich dabei ergebenden ähnlichen Punktreihen in einfacher Weise der richtige Beschleunigungszustand gefunden werden, für den die Kraft $\mathfrak{P}_Q$ gleich Null sein muß (Nullmethode).

b) Man konstruiert nach (44, c) mit Hilfe eines Kraftplanes die Gleichgewichtskraft, die, in einem willkürlich gewählten Reduktionspunkt wirkend, den eingeprägten Kräften allein das Gleichgewicht hält, sodann in einem getrennten Kraftplan die im gleichen Reduktionspunkt und in gleicher Wirkungslinie wirkende Gleichgewichtskraft für die Trägheitskräfte. Der richtige Beschleunigungszustand ist dadurch gekennzeichnet, daß die erhaltenen Gleichgewichtskräfte sich tilgen. Durch Annahme zweier Beschleunigungszustände kann die Lösung wieder mit Hilfe ähnlicher Punktreihen gefunden werden (Gleichsetzungsmethode).

Durch beide Methoden wird somit der den gesuchten Beschleunigungszustand kennzeichnende Parameter λ^* konstruktiv ermittelt, wobei aber gleichzeitig auch die Führungs- und Gelenkdrücke sowie die Stabspannungen gewonnen werden. Das WITTENBAUERsche Werk enthält zahlreiche Beispiele für die Anwendung beider Verfahren.

V. Dynamische Kraftpläne.

Diese bilden das dynamische Analogon zur graphischen Spannungsermittlung eines *ebenen,* ruhenden Stabwerkes. Name und Art der Kräfteanordnung stammen von F. WITTENBAUER[1]. Ihr Konstruktionsprinzip besteht darin, das Gleichgewicht der in (42, a bis c) angeführten Kräftesysteme jedes Knotens und jedes Gliedes sowie des Gesamtsystems der eingeprägten Kräfte, der resultierenden Trägheitskräfte und der Auflagerdrücke nach den Methoden der ebenen graphischen Statik durch

[1] Z. Math. Phys. Bd. 53 (1906) S. 274—287.

Zeichnung geschlossener Kräftepolygone zum Ausdruck zu bringen, aus denen sich dann die Auflager- und Gelenkdrücke sowie die Stabspannungen in übersichtlicher Weise ergeben. Die dabei nach F. WITTENBAUER gefundenen Stabspannungen beruhen auf der Annahme, daß die Masse jedes einzelnen Gliedes in dessen Gelenke statisch verteilt sei (statische Ersatzpunkte), die einzelnen Glieder selbst aber masselos seien. Diese Spannungen sind daher noch nicht die wirklichen, denn die in die Achse eines Stabes fallenden Teile seiner Trägheitskräfte sind für die einzelnen Stabquerschnitte veränderlich, so daß es auch die Stabspannung sein muß. Werden aber die Trägheitskräfte jedes Stabes eines ebenen Getriebes so angeordnet, daß sie in einem fortlaufenden Kraftzuge aneinandergereiht sind und werden die in die Gelenke statisch aufgeteilten Trägheitskräfte und Gewichte nach Richtung des Stabes und senkrecht hierzu zerlegt, so ergeben sich aus dem so geordneten Kraftplane auch die wirklichen dynamischen Spannungen an den Enden des Stabes, die nach einem Vorschlage R. BEYERS zum Andenken an den Begründer der graphischen Dynamik F. WITTENBAUER die W-Spannungen des Getriebes genannt werden. Die Methode der dynamischen Kraftpläne ist ohne jegliche Vernachlässigung oder willkürliche Vereinfachung vollkommen streng durchführbar. Hinsichtlich der Einzelheiten dieser Methode sei auf den Abschn. XXVII von WITTENBAUERS „Graphischer Dynamik“ verwiesen[1].

Die Zeichnung dynamischer Kraftpläne findet sich erstmals bei O. MOHR[2], jedoch auf anderer Grundlage als bei F. WITTENBAUER und ohne Korrektur der Spannungen.

Bei der Bemessung der Querschnitte der einzelnen Stäbe eines Getriebes sind außer den Stabkräften, die der dynamische Kraftplan liefert, noch die infolge der stetigen Verteilung der Trägheitskräfte über die Stablänge entstehenden Biegungsmomente in den einzelnen Querschnitten zu berücksichtigen.

Abgeschlossen im März 1932.

[1] Vgl. auch A. PRÖLL: Z. Math. Phys. Bd. 61 (1913) S. 416—426 (Sonderfall des Schubkurbelgetriebes). — PÖSCHL, TH.: Z. angew. Math. Mech. Bd. 6 (1926) S. 489—492. — BEYER, R.: Maschinenkonstruktur 1928, S. 130.

[2] Z. Math. Phys. Bd. 51 (1904) S. 29—41.

Literaturverzeichnis[1].

a) Lehrbücher.

ALT, H.: Geometrie der Bewegungen. Handb. d. Physik von GEIGER-SCHEEL Bd. 5 Kap. 5. Berlin: Julius Springer 1927.

BARR, J. H., u. E. H. WOOD: Kinematics of machinery. II. Edit. New York: Wiley 1911.

BEYER, R.: Einführung in die Kinematik. Leipzig: Dr. M. Jänecke 1928.

— Technische Kinematik (Zwanglaufmechanik, Bewegungsgeometrie und Dynamik der Getriebe). Leipzig: J. A. Barth 1931.

— Geometrische Bewegungslehre und Zwanglaufmechanik. Handb. phys. u. techn. Mechanik von AUERBACH-HORT Bd. 1 (2). Leipzig: J. A. Barth 1928.

— Graphische Behandlung der technischen Dynamik. Ebenda: Bd. 2 Tl. 2 1930.

BÉZINE, E.: Cinématique. Paris 1912.

BOGAERT, E. W. W., u. F. VAN DEN DUNGEN: Mécanique rationelle. I. (Vecteurs, géométrie des masses, cinématique, mécanismes). Bruxelles: Lammertin. Paris: Hermann 1928.

BOUASSE, H.: Théorie des vecteurs, Cinématique, Mécanismes. Paris 1921.

BRICARD, R.: Leçons de Cinématique. Tome I: Cinématique théorique; Tome II: Cinématique appliquée. Paris: Gauthier-Villars 1926/1927.

— Cinématique et mécanismes. Paris: A. Colin 1921.

BROWN: Die Bewegungsmechanismen. Leipzig: A. Kröner 1925.

BROWN, H. T.: Cinq cent sept mouvements mécaniques. Paris: Gauthier-Villars 1919.

BURMESTER, L.: Kinematische Aufklärung der Bewegung des Auges. Münch. Ber. 1918, S. 171—202.

CARDINAAL, J.: Leerboek der Kinematika. Delft: J. Waltman jr. 1914.

CHRISTMANN, A., u. H. BAER: Grundzüge der Kinematik. 2. Aufl. Berlin: Julius Springer 1923.

CRELIER, L.: Géométrie cinématique plane. Bienne 1908.

— Systèmes cinématiques. Paris: Gauthier-Villars 1911.

DEMENY, G.: Mécanisme et éducation des mouvements. Paris: F. Alcan 1905.

DENT, J. A., u. A. HARPER: Kinematics and Kinetics of machinery. New York: Wiley 1921.

DORGEOT, E.: Cinématique théorique et appliquée. Paris: Dunod & Pinat 1919.

DUNKERLEY, S.: Mechanism. London: Longmans, Green and Co. 1928.

FEDERHOFER, K.: Graphische Kinematik und Kinetostatik des starren räumlichen Systems. Wien: Julius Springer 1928.

FONTSERÉ, E.: Tratado de cinemática. Barcelona: Gilli 1906.

Getriebe: Gesammelte Aufsätze der Zeitschrift Maschinenbau. Berlin: VDI-Verlag 1928.

GÖCKE, C.: Physiologische Mechanik. Handb. phys. u. techn. Mechanik Bd. 2 Tl. 2 S. 326—404. Leipzig: J. A. Barth 1930. Abschn. VI: Mechanik der menschlichen Gelenke. (Zahlreiche Literaturangaben.)

[1] Die folgende Zusammenstellung berücksichtigt nur die *seit dem Jahre 1903* entstandene Literatur über Kinematik; bezüglich der früher erschienenen Werke sei auf das ausführliche Verzeichnis in der Enzyklopädie der mathematischen Wissenschaften Bd. 4 (3) (*Kinematik* von A. SCHOENFLIES und M. GRÜBLER) verwiesen.

GRÜBLER, M.: Getriebelehre. Eine Theorie des Zwanglaufes und der ebenen Mechanismen. Berlin: Julius Springer 1921.
— Lehrbuch der technischen Mechanik Bd. 1: Bewegungslehre. Berlin: Julius Springer 1919.
HARTMANN, W.: Die Maschinengetriebe. Stuttgart u. Berlin: Deutsche Verlagsanstalt 1913.
HARTMANN, G. H. C.: Les Mécanismes. Paris: Baillère et Fils 1925.
HEUN, C.: Lehrbuch der Mechanik. I. Teil, Kinematik. Leipzig: Göschen 1906.
JACOB, L.: Cinématique appliquée et mécanismes. Paris: Doin 1912.
JAHR, W., u. P. KNECHTEL: Grundzüge der Getriebelehre. Leipzig: Dr. M. Jänecke 1930.
JAUMANN, G.: Die Grundlagen der Bewegungslehre. Leipzig: J. A. Barth 1905.
JONES, F. D.: Ingenious Mechanisms for Designers and Inventors. New York: The Industrial Press 1930.
JULIA, G.: Cours de cinématique. Paris: Gauthier-Villars 1928.
KNAB, J.: Übersicht über Kinematik, Getriebelehre mit besonderer Berücksichtigung der Getriebedynamik sowie der Schwingungsgetriebe und Getriebeschwingungen. 2. Aufl. Nürnberg: Selbstverlag 1930.
KOENIGS, G.: Introduction à une nouvelle théorie des mécanismes. Paris: Hermann 1905.
KRAUSE, M.: Analysis der ebenen Bewegung. Unter Mitwirkung von A. CARL. Berlin u. Leipzig: W. d. Gruyter u. Cie. 1920.
LACAZE, H.: Cours de Cinématique théorique. Paris: Gauthier-Villars 1920.
LEBLANC, H.: Les mécanismes. 2. Aufl. Paris: Garnier-Frères 1909.
LEVENSON, L. B.: Kinematik der Mechanismen. Moskau: Technischer Staatsverlag 1923. (Russisch.)
LEVI-CIVITA, T., u. U. AMALDI: Lezioni di meccanica razionale. Vol. 1: Cinematica. Principi e statica. Bologna: Zanichelli 1923.
LÉVY, P.: Cours de mécanique. Paris: Gauthier-Villars 1928. (Mit einem Abschnitt über angewandte Kinematik.)
LOCHE, L. E.: Des mécanismes élémentaires. Paris: 1919.
MAGGI, G. A.: Geometria del movimento. Lezioni di cinematica con un appendice sulla geometria della massa. 3. Aufl. Bologna: Zanichelli 1927.
MACK, K.: Geometrie der Getriebe. Berlin u. Wien: Julius Springer 1931.
MARCOLONGO, R.: Theoretische Mechanik. Übersetzt von H. E. TIMERDING. Bd. 1: Kinematik und Statik. Leipzig u. Berlin: Teubner 1911.
MARX, G.: Bewegungslehre der Getriebe. Taschenbuch „Hütte". 25. Aufl. S. 288 bis 309. Berlin: W. Ernst u. Sohn 1925.
Maschinengetriebe. 5 Vorträge der Getriebetagung 1930 in Dresden. Berlin: VDI.-Verlag 1931.
MOHR, O.: Abhandlungen auf dem Gebiete der technischen Mechanik. 3. Aufl. Berlin: W. Ernst Sohn 1928.
MUSCHELIŠVILI, N.: Lehrbuch der theoretischen Mechanik. II. Kinematik. Tiflis: Staatsunivers.-Verlag 1928. (Georgisch.)
D'OCAGNE, M.: Cours de Géometrie. Paris: Gauthier-Villars 1930.
PÖSCHL, TH.: Lehrbuch der technischen Mechanik. 2. Aufl. Berlin: Julius Springer 1930.
— Technische Anwendungen der Stereomechanik. Handb. d. Physik von GEIGER-SCHEEL. Bd. 5, Kap. 9. Berlin: Julius Springer 1927.
— Einführung in die ebene Getriebelehre. Berlin: Julius Springer 1932.
POLSTER, H.: Kinematik. Sammlung Göschen Nr. 584. Berlin u. Leipzig 1918.
PROEGER, F.: Die Getriebekinematik als Rüstzeug der Getriebedynamik. (H. 285 der Forsch.-Arb. auf dem Gebiete des Ingenieurwesens.) Berlin: VDI-Verlag 1926.

RAUH, K.: Praktische Getriebelehre. Berlin: Julius Springer 1931.
RICHTER, A.: Getriebelehre. Bearbeitet von J. JEDLITSCHKA. Wien: Deuticke 1922.
RUZSKIJ, D. P.: Maschinenkinematik. Leningrad: Techn. Staatsverlag 1924. (Russisch.)
SCHIEBEL, A.: Zahnräder. I. Teil, 3. Aufl. 1930; II. Teil, 2. Aufl. 1923. Berlin: Julius Springer.
SICARD, H.: Traité de cinématique théorique. Paris: Gauthier-Villars 1902.
SMITH, W. G.: Engineering Kinematics. New York: McGraw-Hill Book Company 1923.
STUDY, E.: Geometrie der Dynamen. Leipzig: B. G. Teubner 1903.
TESSARI, D.: La costruzione degli ingranaggi. Torino: Fratelli Bocca 1902.
VORWERCK, W.: Berechnung von Getrieben, insbesondere des Werkzeugmaschinenbaues. Leipzig 1930.
WEIHE, C.: F. Reuleaux und seine Kinematik. Berlin: Julius Springer 1925.
WÈVE, L.: Cinématique des mécanismes. Paris: Béranger 1907.
WITTENBAUER, F.: Graphische Dynamik. Berlin: Julius Springer 1923. (Mit zahlreichen Literaturangaben.)

b) *Kinematische Modelle und Tafelwerke.*

Kinematische Modelle. Herausgeg. von Prof. Dr. FR. SCHILLING u. a. im Verlage Martin Schilling, Leipzig.
Serie 24 (Nr. 1—12; kinematische Erzeugung der zyklischen Kurven; die Polbahnen des gleichläufigen und gegenläufigen Zwillingskurbelgetriebes; die Inversoren von PEAUCELLIER, HART und SYLVESTER-KEMPE);
Serie 31 (Nr. 1—11; ebene Verzahnungen);
Serie 32 (Nr. 6; Planigraph nach G. KOENIGS);
Serie 40 (Nr. 1—3; Flächen konstanter Breite).
AWF- und VDMA-Getriebeblätter. Herausgeg. vom Ausschusse für wirtschaftliche Fertigung (AWF) unter Mitwirkung des Vereins deutscher Maschinenbauanstalten (VDMA) und der Reuleaux-Gesellschaft. Bisher erschienen Nr. 601—643 und AWF 691. Berlin: BeuthVerlag. Getriebefilme und stereoskopische Aufnahmen von kinematischen Modellen sind zu beziehen von der Technisch-Wissensch. Lehrmittelzentrale Berlin NW 7.
AWF-Getriebe und Getriebemodelle. Tl. I (mit 173 Bildern); Tl. II (mit 126 Bildern). Berlin: Beuth-Verlag und Julius Springer 1928 und 1929.

c) *Hilfsmittel zur Messung von Geschwindigkeiten und Beschleunigungen; Apparate zur Aufnahme kinematischer Diagramme und zu deren Auswertung.*

AUCLAIR u. BOYER-GUILLON: Sur un accélérographe. C. R. Acad. Sci., Paris Bd. 169 (1919) S. 24—26.
BIONDI, L.: Beschleunigungsmesser von Pegna. L'Aeronautica Bd. 3 (1920) S. 48—51.
CLESS, H., u. F. SWOBODA: Kinematograph. Aufnahme von Geschützprojektilen während der Bewegung bei Tageslicht. S.-B. Akad. Wiss. Wien, Abt. IIa, Bd. 123 (1914) S. 757—766.
ENDE, W.: Zeitdehneruntersuchungen. Kinotechnik Bd. 13 (1931) S. 158—161.
GALLE, A.: Mathem. Instrumente. Leipzig u. Berlin: Teubner 1912.
GALITZINE, M. B.: Appareil destiné à la détermination directe des accélérations. C. R. Acad. Sci., Paris Bd. 161 (1915) S. 281, 304.
— Proc. Roy. Soc. Bd. 95 (1919) S. 492—507.
GEIGER, J.: Das Messen von Beschleunigungen. Meßtechnik 1929, S. 211.
HARBOU, E.: Der Prismenderivator und der Differentio-Integraph. Z. angew. Math. Mech. Bd. 10 (1930) S. 563—585.

HELDT, P. M.: Acceleration of Automobile and its measurments. Automotive Industries New York Bd. 42 (1920) S. 1329—1333.

JACOB, L.: Le calcul mécanique. Paris: Doin 1911.

KNORR: Der Fahrdiagraph. Org. f. Fortschr. d. Eisenbahnwesens Bd. 79 (1924) S. 353.

LEONHARDT, R.: Die Vermessung der Flugbahn bewegter Ziele im Raume mittels kinematographisch registrierender Theodolite. Meßtechnik Bd. 7 (1931) S. 7 bis 11.

MERTÉ, W.: Grundlagen der Kinematographie. Naturwiss. Bd. 7 (1919) S. 435 bis 443.

MÖLLER, J.: Ein neuer Durchfahrt-Geschwindigkeitsschreiber für den Eisenbahnbetrieb. Glasers Ann. Bd. 107 (1930) S. 54—56.

NORTON, F. H.: A new instrument for recording linear accelerations. J. Franklin Inst. Philadelphia. Bd. 198 (1924) S. 231—242. (Optische Messung mit Film.)

OLIVE, J.: Sur le tracé mécanique de l'hodographe balistique. C. R. Acad. Sci., Paris Bd. 164 (1917) S. 97—99.

PASCAL, E.: I miei integratori. Napoli 1914. Auszug daraus von A. GALLE: Z. Instrumentenkde Bd. 42 (1922) S. 232, 253, 300, 326.

PICHT, J.: Über neue Integraphen der Askania-Werke. Z. angew. Math. Mech. Bd. 11 (1931) S. 442—443.

RAETJEN, P.: Kinematographische Vermessung von Flugzeugbewegungen. Kinotechnik Bd. 13 (1931) S. 271—274.

RAIBAUD, J.: Appareils et méthodes de mesures mécaniques. Paris: A. Colin 1928.

RUMPF, H.: Die wissenschaftliche Photographie als experimentelle Grundlage des Maschinenbaues. Diss. Techn. Hochsch. Charlottenburg 1919. Abschnitt: Geschwindigkeitsmessung. Schaulinienzeichner von RUMPF.

TAYLOR, J., u. R. WARK: Determination of the Velocities of Projektiles by Light Interception. Nature Bd. 126 (1930) S. 994; Bd. 127 (1931) S. 200.

THUN, R.: Hilfsmittel für Bewegungsuntersuchung. Betrieb Bd. 3 (1921) S. 771 bis 779.

— Photographische Messung von Bewegungen. Z. Feinmechanik Bd. 30 (1922) S. 1—3.

WILLERS, A. F.: Mathematische Instrumente. Berlin 1926. Vgl. auch Methoden der praktischen Analysis. Göschens Lehrbücherei Bd. 12 (1928) S. 334—339.

Namenverzeichnis.

Die beigedruckten Zahlen geben die Seite an.

Graphische Kinematik und Kinetostatik des starren räumlichen Systems. Von Professor Dr.-Ing. **Karl Federhofer**, Graz. Mit 48 Abbildungen im Text und auf 5 Tafeln. VII, 81 Seiten. 1928. RM 9.90

Einführung in die theoretische Kinematik insbesondere für Studierende des Maschinenbaues, der Elektrotechnik und der Mathematik. Von **Reinhold Müller**, Dr. phil., Dr. rer. techn. h. c., o. Professor i. R. an der Technischen Hochschule Darmstadt. Mit 137 Abbildungen im Text. VII, 124 Seiten. 1932. RM 6.80

*** Christmann-Baer, Grundzüge der Kinematik.** Zweite, umgearbeitete und vermehrte Auflage von Professor Dr.-Ing. **H. Baer**, Breslau. Mit 164 Textabbildungen. VI, 138 Seiten. 1923. RM 4.—; gebunden RM 5.50

Geometrie der Getriebe. Von **Karl Mack**, o. Professor der darstellenden Geometrie an der Deutschen Technischen Hochschule in Prag. Mit 76 Textabbildungen. VI, 93 Seiten. 1931. RM 8.50

Praktische Getriebelehre. Von Dr.-Ing. **K. Rauh**, Privatdozent für Getriebelehre an der Technischen Hochschule Aachen. Erster Band. Mit 196 Textabbildungen und 19 mehrfarbigen Abbildungen auf 8 Tafeln. VII, 139 Seiten. 1931. RM 21.—; gebunden RM 22.75

***Lehrbuch der technischen Mechanik** für Ingenieure und Physiker. Zum Gebrauche bei Vorlesungen und zum Selbststudium. Von Dr.-Ing. **Theodor Pöschl**, o. Professor an der Technischen Hochschule in Karlsruhe. Zweite, vollständig umgearbeitete Auflage. Mit 249 Textabbildungen. VIII, 318 Seiten. 1930. RM 17.50; gebunden RM 19.—

***Lehrbuch der technischen Mechanik.** Von Professor **Martin Grübler**, Dresden.

Erster Band: **Bewegungslehre.** Zweite, verbesserte Auflage. Mit 144 Textfiguren. VII, 143 Seiten. 1921. RM 4.20

Zweiter Band: **Statik der starren Körper.** Zweite, berichtigte Auflage. (Unveränderter Neudruck.) Mit 222 Textfiguren. X, 280 Seiten. 1922. RM 7.50

Dritter Band: **Dynamik starrer Körper.** Mit 77 Textfiguren. VI, 157 Seiten. 1921. RM 4.20

*) *Auf alle vor dem 1. Juli 1931 erschienenen Bücher des Verlages Julius Springer-Berlin wird ein Notnachlaß von 10% gewährt.*

GPSR Compliance

The European Union's (EU) General Product Safety Regulation (GPSR) is a set of rules that requires consumer products to be safe and our obligations to ensure this.

If you have any concerns about our products, you can contact us on ProductSafety@springernature.com

In case Publisher is established outside the EU, the EU authorized representative is:

Springer Nature Customer Service Center GmbH
Europaplatz 3
69115 Heidelberg, Germany

Batch number: 10683525

Printed by Printforce, the Netherlands